一口气儿读懂宇宙

宁宗军◎编著

航空工业出版社
北京

内容提要

本书中，雷顿和艾米化身宇航员，坐着飞船穿越时空，要去2208年的火星基地。未成想，他们在航行中偏航了，还发生了宇宙“交通事故”，追尾了一艘外星人的飞船！好在外星人西格玛十分友好，不但护送雷顿与艾米去火星基地，还带着他们在太阳系内周游了一圈。本书从科幻的角度讲述宇宙知识，用漫画形式展开故事情节，非常适合孩子阅读。

图书在版编目(CIP)数据

一口气儿读懂宇宙/宁宗军编著. --北京：航空工业出版社，2025.3. -- ISBN 978-7-5165-3925-5

I.P159-49

中国国家版本馆CIP数据核字第2024TV4449号

一口气儿读懂宇宙

Yikouqi'r Dudong Yuzhou

航空工业出版社出版发行

（北京市朝阳区京顺路5号曙光大厦C座四层　100028）

发行部电话：010-85672688　010-85672689　读者服务热线：010-85672635

艺堂印刷（天津）有限公司印刷　　全国各地新华书店经售

2025年3月第1版　　2025年3月第1次印刷

开本：787×1092　1/16　　字数：120千字

印张：12　　定价：58.00元

前 言 PREFACE

在浩瀚的宇宙面前，人类始终怀揣着探索未知的好奇与渴望。这本书，正是为了满足孩子对宇宙奥秘的无尽向往而精心编写的。它如同一艘穿越时空的飞船，引领孩子从地球出发，穿越星辰大海，一步步揭开宇宙神秘的面纱。

自古以来，人类对宇宙的探索就从未停歇。

天上的奇妙景象是如何形成的？

地球之外的世界是什么样子的？

宇宙中蕴含着怎样的规律？

从夜空中最亮的星到白天隐匿的星辰，从四季变换的星座到流星划过的夜空，宇宙以其独有的方式诉说着无尽的故事。

本书通过生动有趣的章节安排，将复杂的宇宙知识化繁为简，让孩子在轻松愉快的阅读中，领略到宇宙的神秘与壮丽。

书中不仅深入探讨了宇宙的起源、结构、演化等宏大主题，还将带孩子走近太阳系，近距离观察那些曾经只存在于想象中的星球。从光芒万丈的太阳，到性格迥异的八大行星，再到地球的忠实伴侣——月球，每一个章节都将让孩子充满惊喜与发现。

此外，本书还特别关注了人类与宇宙的关系。从古代的天文观测到现代的太空探索，人类从未停止过对宇宙的探索步伐。书中不仅讲述了历史上著名的太空事件和重要发现，还展望了未来太空旅行的可能，激发孩子对宇宙探索的热情与想象。

当孩子们对宇宙产生了好奇之心，而又不能及时得到答案时，他们需要的是一本能够容易看懂、有趣、轻松解决他们心中无数个“为什么”的宇宙知识书。本书旨在成为一座桥梁，拉近孩子与浩瀚宇宙之间的距离。

现在，就让我们携手启程，跟着主人公雷顿与艾米，一同揭开宇宙的神秘面纱，探索那些未知的奥秘吧！

目录 CONTENTS

神秘浩瀚的宇宙

太阳是宇宙的中心吗

“脾气”怪异的八大行星

地球的邻居——月球

人物介绍

男生，14岁，百科达人，聪明勇敢，好奇好问也好答，人送外号“牛小顿”。

雷顿

女生，14岁，聪明美丽的学霸，雷顿的“怼星”，所以雷顿背后称她“学酥”。

艾米

性别不详，来自河外星系仙女座星云 π 星球，他母语的名字像字母“Σ”，干脆给自己起了个中文名西格玛。

西格玛

云脑

西格玛飞船上的超级电脑，名叫“云脑”，集 π 星球所有科技智慧于一体，科技水平超过地球八千万年，可以解释地球人对宇宙知识的一切问题。

神秘浩瀚的宇宙

外星人来了

奥尔特云、柯伊伯带太可怕了！小陨石多得都快把我的飞船撞坏了！

太阳系有这两件厚外套保护，一定很安全！

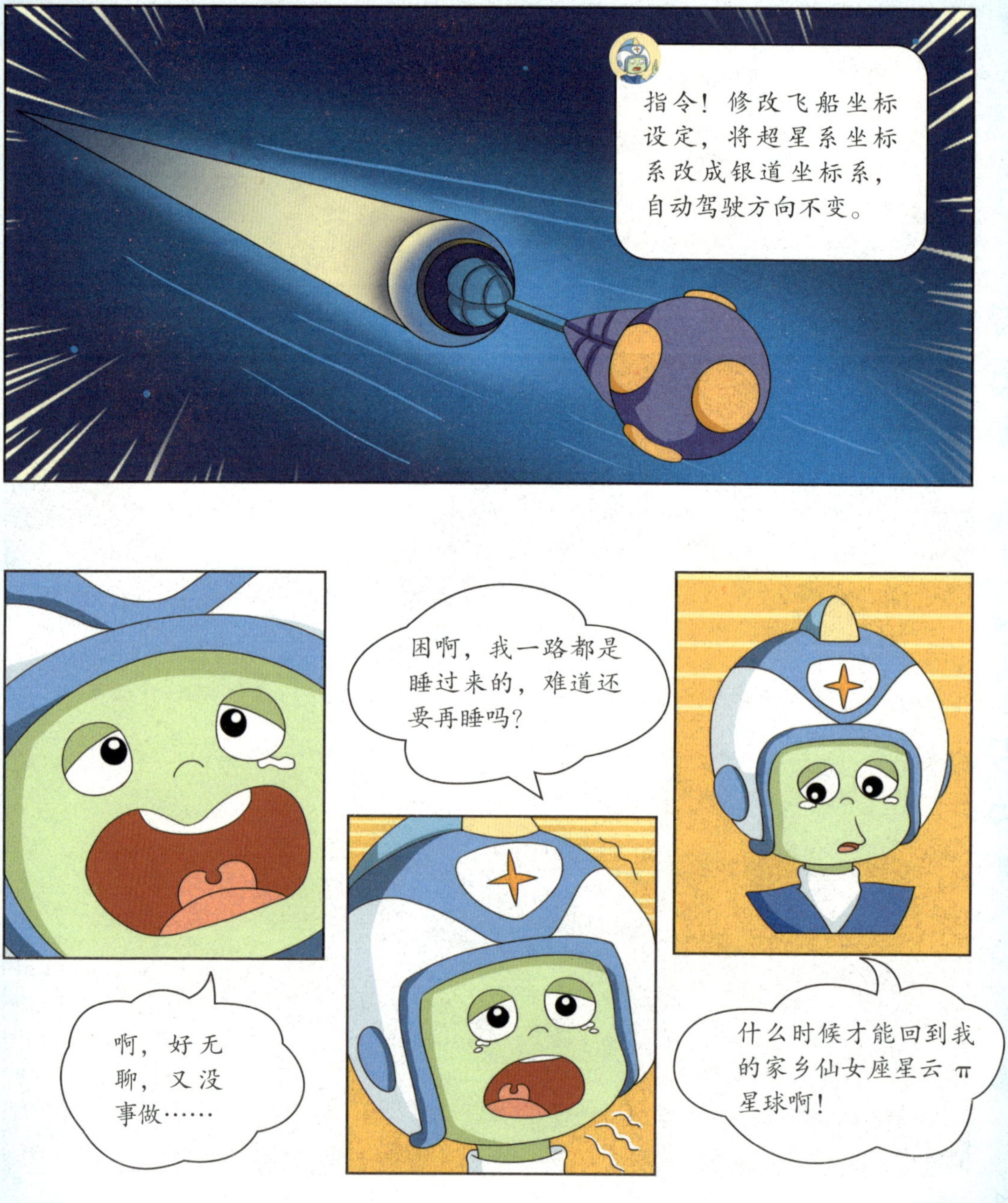
指令！修改飞船坐标设定，将超星系坐标系改成银道坐标系，自动驾驶方向不变。
啊，好无聊，又没事做……
困啊，我一路都是睡过来的，难道还要再睡吗？
什么时候才能回到我的家乡仙女座星云π星球啊！

仙女座星云和河外星系

早期天文学家用天文望远镜看到宇宙中有雾状的东西，以为是银河系中恒星爆炸后产生的气体，故把它们称作星云。随着科技的进步，天文学家发现这些星云不是气体，而是无数聚集在一起的星星，这样的星云远在银河系以外很远的地方，因为太远了，看起来才模糊一团。其中最著名的就是仙女座星云。

仙女座星云的中心部分是密集的旋涡，呈浅黄色，聚集着比较年老的星，旋涡的外围是较年轻的星。仙女座星云距银河系大约有220万光年，换句话说，我们前一秒看到的仙女座星云是它在220万年前发出的光刚传到地球。

如果把宇宙比作海洋，银河系就是这海洋上一个小小的岛屿，仙女座星云也是一个小岛，这样的岛在宇宙中有的是，我们把它们叫作河外星系。目前用望远镜能观察到130亿光年远的河外星系，在这个范围内，目前观测到了10亿多个河外星系。这些星系外观有的像水中旋涡，有的呈棒旋形，有的像椭圆，还有一些呈不规则形状。

太空追尾事件

哎呀！已经飞过海王星了，冥王星都没有看到！
唉，高手的寂寞啊！干吗把我的飞船设计得飞这么快啊？我都没时间找朋友。
哎哟！
怎么回事，刚刚撞到什么了吗？

这是……地球人？救人要紧！
神仙？
妖怪？
呃……

很抱歉，我们的飞船失控了，误撞上你了。我是雷顿，她是艾米。
没事没事，相撞就是相遇，相遇就是缘分！我叫西格玛。你们怎么会偏离轨道？飞船没有自动防撞系统吗？

什么东西在动？
不是……是……哎呀，它在乱爬……
啊！什么鬼东西！
他怎么这么胆小？
西格玛，你别怕，这是蜘蛛。
你还是拿远点儿吧！
我们想知道它能否在宇宙中结网，就把它带来了。
刚才就是这只蜘蛛爬进中控系统，不知道触碰了哪个按键，导致飞船偏离了既定轨道。
它差点儿让我们没命了。

银河和宇宙

一闪一闪亮晶晶，满天都是小星星……
牛小顿，你真的吵死了！
我情不自禁啊！
外面的银河太漂亮了！
简直是星星的海洋。
这么宽的银河，牛郎和织女见一次面可真不容易。
你的联想也太丰富了吧，竟然联想到神话传说了！

对啦！我来考考云脑，看它知道不知道中国古代神话故事。
如你所愿，云脑，请回答关于“牛郎和织女”的问题。
牛郎织女的神话传说，是从牵牛星、织女星的星名衍化而来。牵牛星又叫天鹰座 α 星，质量是太阳的 1.6 倍，亮度是太阳的 10.6 倍；织女星又叫织女一或天琴座 α 星，质量是太阳的 2.1 倍，亮度是太阳的 37 倍，是夜空中最明亮的星星之一。回答完毕。
云脑，银河系中有多少颗星星？
银河系的恒星为 2000 亿 ~ 6000 亿颗，有的恒星有行星，有的没有；行星的卫星更多，无法计算。回答完毕。
那银河系其他星球上有智慧生物吗？
银河系像一个荷包蛋，中间厚实的是银心，周围越来越薄，叫银盘。银盘里一些恒星的行星上很可能有智慧生命存在，可能比你们地球人类还要聪明。回答完毕。

古老的天文望远镜

人类一直不断地在观测星空，在望远镜被发明出来之前，只能凭借肉眼观测。光学望远镜发明出来之后，人类观测星空的方式就更进了一步。

这是18世纪末英国天文学家赫歇尔兄妹建造和使用的反射望远镜。

威廉·赫歇尔和卡罗琳·赫歇尔兄妹，终身致力于天文学观测和研究，他们发现了天王星及其两颗卫星、土星的两颗卫星等天体，还发现了太阳在银河系内运行的轨迹并推算出了运行速度。威廉·赫歇尔被誉为“恒星之父”。

1789年，他们制造完成了长12米、口径1.26米的反射望远镜，这是当时世界上聚光力最强的天文仪器。他们坚持不懈地用望远镜对天体进行观测和数据统计，初步确立了银河系的概念，并确认了银河系为扁平状圆盘的假说。

星星的生与死

从这边看到的星星好多！
这边却几乎没多少星星！
从正上方看，银河是这个样子的，它的直径大约是10万光年。
我怎么找不到地球？
你这样找一万年也找不到！

星星会一直在宇宙中发光吗？
不是所有的星星都发光，只有恒星才能发光。不过，星星也会生死，死亡后的恒星也不会发光。
新的恒星不断生出来，老的恒星会爆炸。恒星爆炸后会产生大量的气体和电磁波。
行星是伴随恒星产生的，也会死亡。

恒星还分老幼！恒星爆炸后的气体会聚合产生新的恒星。
气体产生恒星？
没错啊！
星星的一生很长，经常要以“亿年”为单位来计算。
我们人类的寿命才几十年！
我们的寿命与星星寿命的区别，大概就像蚂蚁和整个地球。

宇宙影像馆

恒星的一生

星星从出生到爆炸死亡，整个过程需要几十亿年的时间，有的星星也能发几百亿年的光，我们的太阳已经约有50亿年的历史，它大约还能存在50亿年。

星星之最

最亮的行星

在地球上，人类肉眼可以看到的五大行星中，最亮的是金星。金星的亮度虽然远不如太阳和月亮，但比著名的天狼星（夜晚最亮的恒星）还要亮14倍，犹如一颗耀眼的钻石。金星不仅亮度很高，也很有“个性”，它是太阳系内唯一逆向自转的大行星，自转方向与其他行星相反，是自东向西。因此，在金星上看太阳是西升东落。

最古老的恒星

自古以来，人们会用“天荒地老”来比喻时间的长久，可是天荒地老的时间也没有一颗星星的寿命长。在距离地球3.6万光年的地方，有一颗编号为HE0107-5240的巨星，它的年龄大约有132亿岁。

最快的恒星

2005年，美国的天文学家发现了一颗恒星，其运行速度每小时超过240万千米。天文学家推测这颗星星运行速度如此之快，很可能是由于约8000万年前，它和银河系中心的特大质量黑洞相遇促成的。不过这颗高速运行的恒星最终将飞离银河系，这也是人类发现的第一颗将要“逃跑”的恒星。

最大的恒星

盾牌座的史蒂文森2-18，是目前已经探知的最大恒星。它是一颗红超巨星，距离地球约2万光年。其半径约为太阳的2158倍，体积比太阳大100亿倍。

膨胀的宇宙

宇宙虽然大得无边无际，但是它还一直在不断地膨胀。各个星系就好像气球上那些小白点一样。随着宇宙的膨胀，它们之间离得越来越远。
就像上次青年节我玩的那个大气球一样。

难道一直都停
不下来吗？

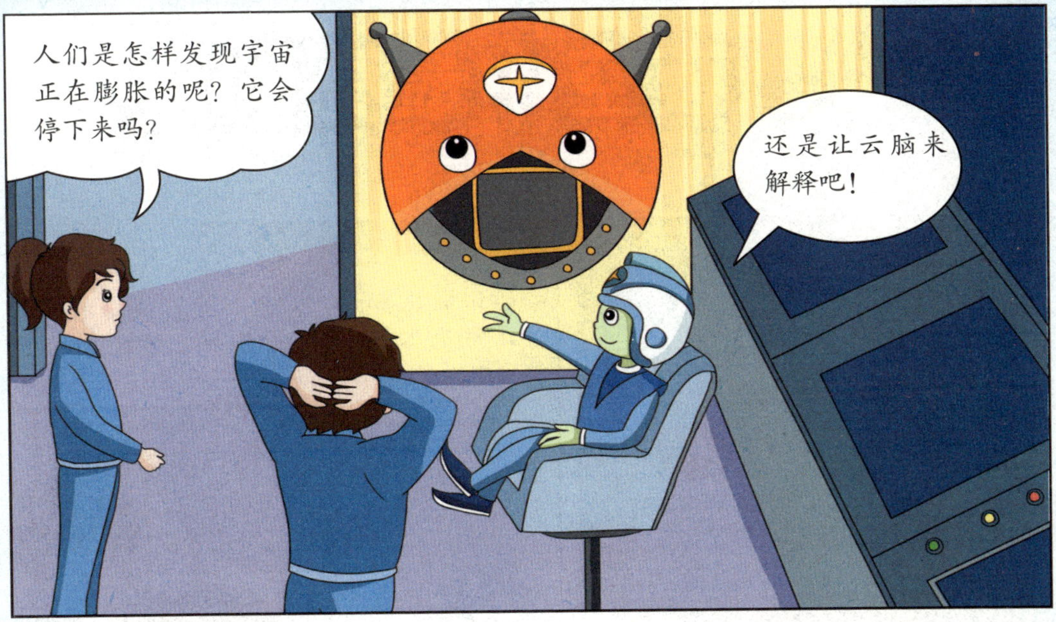
人们是怎样发现宇宙正在膨胀的呢？它会停下来吗？
还是让云脑来解释吧！

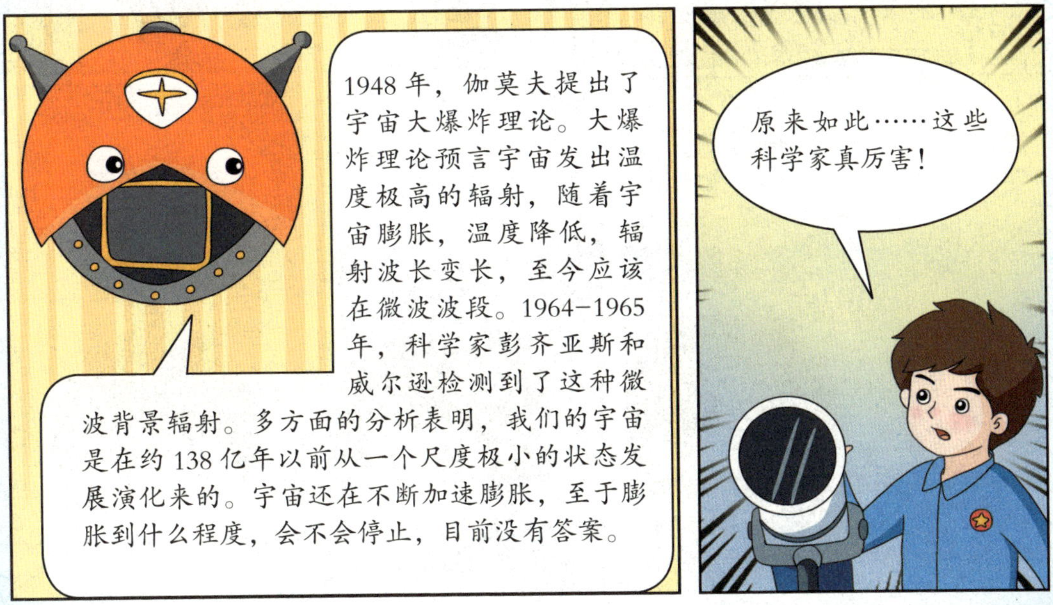
1948年，伽莫夫提出了宇宙大爆炸理论。大爆炸理论预言宇宙发出温度极高的辐射，随着宇宙膨胀，温度降低，辐射波长变长，至今应该在微波波段。1964-1965年，科学家彭齐亚斯和威尔逊检测到了这种微波背景辐射。多方面的分析表明，我们的宇宙是在约138亿年以前从一个尺度极小的状态发展演化来的。宇宙还在不断加速膨胀，至于膨胀到什么程度，会不会停止，目前没有答案。
原来如此……这些科学家真厉害！

夜空中最亮的星

我们一般用星等来衡量星星的明暗程度，星等越小，星星越亮。
那你们能看到的是几等星呢？
地球人肉眼能看到最暗的星为6等星。
太阳光让人不能直视，星等肯定很低。
说对了，太阳的星等大约是-26.7。
天气好的时候月亮也很明亮。
月亮的星等为-13。

古代阿拉伯人用能否看清北斗七星的某颗接近4等的暗星来检验士兵的视力。
我看到了两颗星。
好，视力合格！
我的视力特别好，肯定能看清楚。

星星真正的颜色是丰富多彩的，呈现什么颜色取决于它表面的温度，不同的温度造就了星星不同的色彩。
红色星
3 500 ℃
黄色星
5 000 ℃
白色星
10 000 ℃
蓝色星
25 000 ℃

原来发蓝色光的星星表面比太阳中心的温度还要高！

星 等

为了区分星星的明暗程度，公元前 2 世纪古希腊天文学家喜帕恰斯率先提出了“星等”这个概念。星等数值越小，表示星星越亮；星等数值越大，表示星星越暗。

星星的亮度标准有两种，一种是目视星等，另一种是绝对星等。

目视星等简称视星等，是指人肉眼看到的星星的亮度，凭借的是人眼睛的感觉。我们把肉眼能够看到最暗的星设定为 6 等星。1 等星的亮度恰好是 6 等星的 100 倍。

不过绝对星等才是恒星的真实亮度。它反映天体的真实发光本领，是科学家用各种技术手段测算出来的。

由于距离较远，许多恒星的绝对星等要比其可视星等小很多（实际亮度比看起来更亮）；而有些恒星由于距离我们较近，其绝对星等会比可视星等大很多（看起来比实际亮）。

人在地球上同一时刻，最多只能看到半个天球上的星星，也就是 3 000 多颗。

等级		数量
一等星		21颗
二等星		46颗
三等星		134颗
四等星（四等以下的星经常看不到）		458颗
五等星		6 316颗
六等星		

白天星星去哪儿了

为什么在太空看星星，它们不闪了呢？
在地球上看星星要透过大气，大气层薄厚不一，星星就会闪。
现在不用透过大气层，星星自然也就不闪啦。
我们在地球上，白天一般看不见星星。
那是因为太阳光太强烈啦！太阳光经过大气层的折射，亮度被增强了。

当阳光照进大气层时，空中的尘埃吸收一部分光，同时反射一部分光。由于尘埃特别多，太阳光被反射到四面八方，天空就会变得明亮。
嗯，星星离地球很远，到达地球的光本就很微弱，再加上白天天空很亮，所以在白天就看不到星星了。
在太空看星星和星座更漂亮、更清楚了。

这么多星座，全都记住太难了！
我看了一下，它们的名字和形状是有联系的。
天蝎座长得很像蝎子。
天蝎座是夏天最显眼的星座，位于接近银河中心的位置。

宇宙影像馆

星座

星座是指天上一群位置相近的恒星的组合。

现代星座大多由古希腊传统星座演化而来。国际天文学联合会把全天划分为 88 个星座，每一颗恒星都属于某一特定星座。

根据 88 个星座在天球上的不同位置和恒星出没的情况，这 88 个星座又被划成五大区域：黄道十二星座（12 个）、赤道带星座（10 个）、南天星座（42 个）、北天星座（19 个）、北天拱极星座（5 个）。

在这 88 个星座中，有一半是在古时候就已命名了，另一半（大部分是在南半球的夜空中）到近代才被命名。这些星座有的是动物的名字，比如金牛座；有的是人物的名字，比如猎户座。这些名字往往和美丽的神话故事联系在一起。

北天的星座（一）

北天的星座（二）

四季星座大不同

等回到地球，我要试试能不能找到金牛座。
在地球上，应该冬天才能见到金牛座哦。
一个星座不是一年四季都能看到的。
在你们地球上，冬季和夏季看到的星座是不同的。
没错！

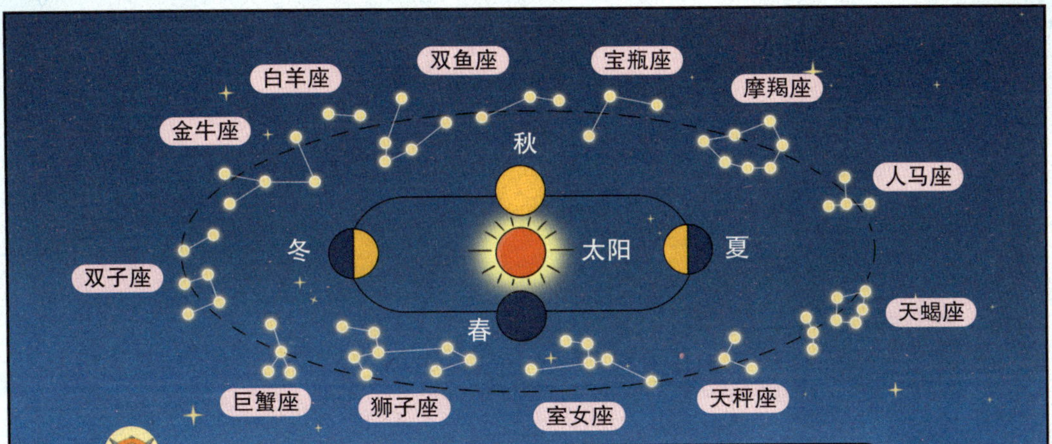

地球在自转和公转，而太阳也在运动。从地球上，只能在晚上看到背向太阳那一面天空中的星座。春、夏、秋、冬四季的星座在北极星的四边，环天一周，前后相连。不论是什么季节，都只能看到一半的星座，另外一半则在地平线以下看不到。

夏季南天星座

冬季南天星座

五车二
（御夫座主星）
御夫座
英仙座
北河二
（双子座主星一）
双子座
北河三
（双子座主星二）
昴宿
（金牛座主星）
小犬座
参宿四
（猎户座主星一）
金牛座
南河三
（小犬座主星）
麒麟座
参宿七
（猎户座主星二）
猎户座
天狼星
（大犬座主星）
波江座
天兔座
大犬座

星座背后的故事

猎户座
参宿七（25 000 ℃）
参宿四（3 500 ℃）
猎户座中最亮的是参宿七。
它发出蓝白色的光，温度肯定很高！猎户座的最佳观测月份为1月。
构成猎户座主体的七颗亮星分别为参宿一至参宿七。M78是位于猎户座的一个反射星云。在动画片“奥特曼”系列中，虚构的离银河系300万光年远的“M78星云”是奥特曼的故乡“光之国”的所在地。

地球人根据猎户座几颗星的位置描绘出猎户奥赖翁的形象。他一手拿盾，一手拿剑，像一个雄赳赳地站着的猎人。
在希腊神话中，奥赖翁是被蝎子毒死的，所以猎户座与天蝎座永不相见。
每当天蝎座落下时，猎户座才会高高升起。
这两个星座脾气真大！
看，那颗星星亮晶晶的，真漂亮！我们要是能去上面该多好！

它发的可是白光，你怕是还没着陆就被气化了。
就像你们地球人说的，生命诚可贵啊。
艾米为了求知，可是胆大得很！
你们知道距离太阳系最近的恒星是什么吗?
肯定在太阳系外了。
是半人马座的比邻星，距离地球4.22光年。
比邻星今天发出的光到达地球的时候，我都20岁了。

流星与陨石

看，彗星！
我第一次这么近距离看彗星！
彗星会不会影响你的飞船轨道？
不会的！彗星尾巴都是水汽，而且密度很低，距离我的飞船有几百万千米呢，影响不到我们。
西格玛，你见过流星吗？
我只在云脑上见过，还没见过真的流星呢！

流星的光是宇宙小天体坠入大气层时，与空气摩擦发热燃烧所发出的光。

是不是就是那些大大小小的陨石？宇宙中很多啊，不过它们是不发光的。
宇宙中没有空气，它们当然不会燃烧和发光。

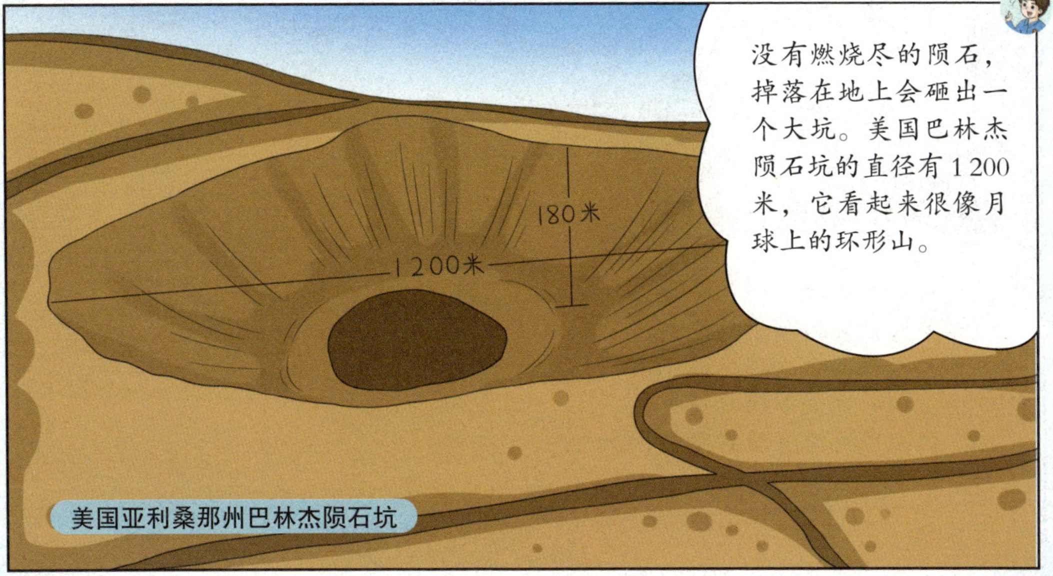

美国亚利桑那州巴林杰陨石坑

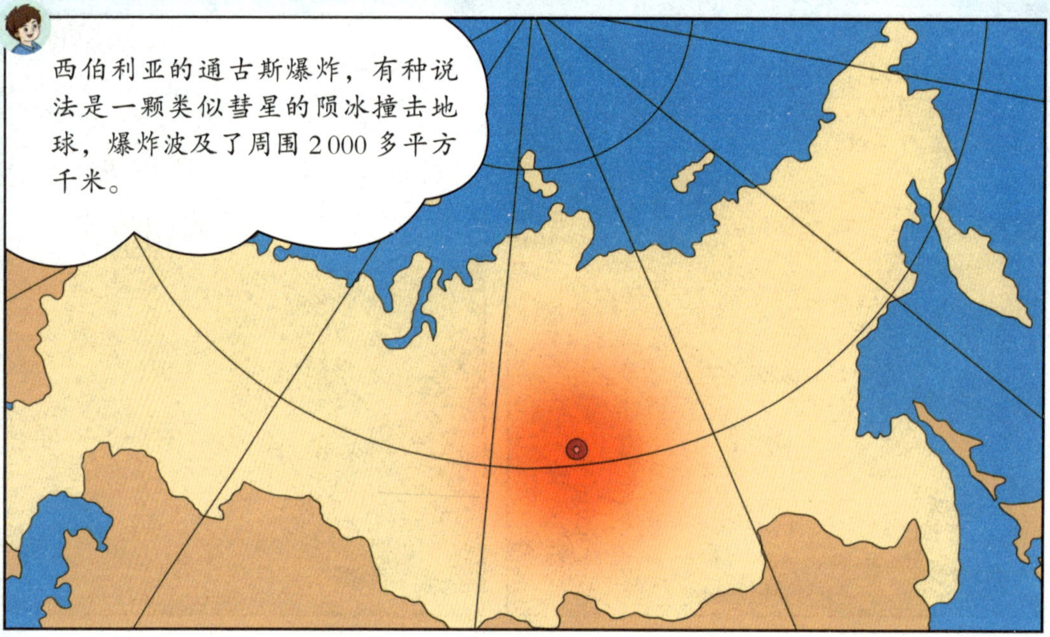
西伯利亚的通古斯爆炸，有种说法是一颗类似彗星的陨冰撞击地球，爆炸波及了周围 2 000 多平方千米。

通古斯爆炸的原因还是个谜。科学家有说陨石撞击的，也有说外星人核动力飞船爆炸，比较受支持的说法是陨冰撞击地球。但在当地没有找到陨石，科学家推测是陨冰挥发了。

没想到贝利环形山这么大啊，把台湾岛放进去都绰绰有余！
玉兔二号拍摄到最小的环形山直径只有 5~6 厘米。
这不就是手掌山嘛！
不过，环形山到底是怎么形成的呢？

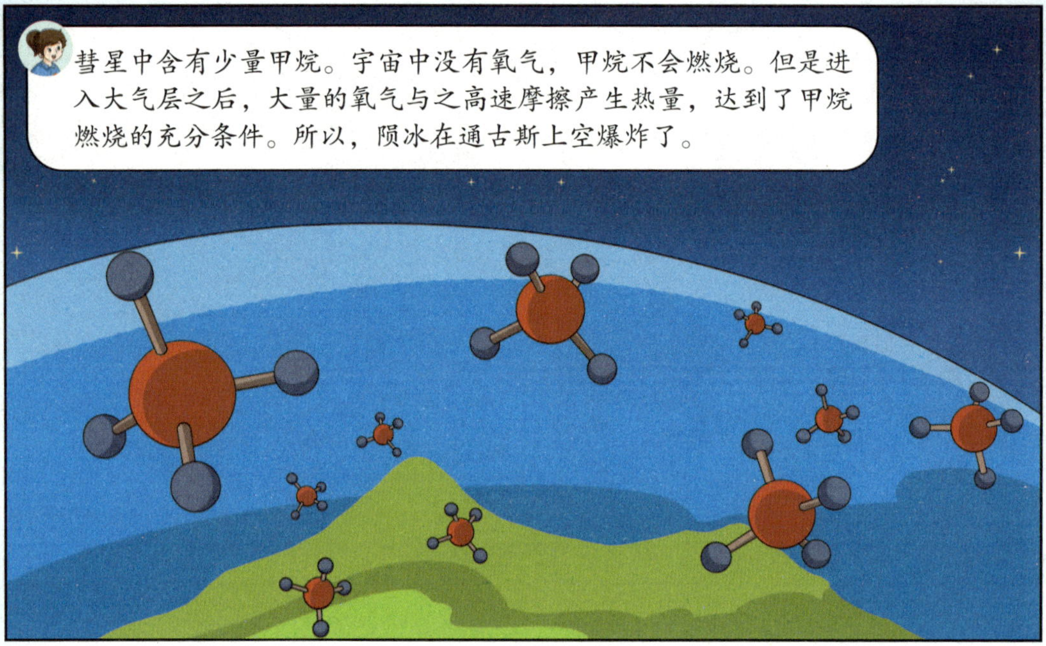
彗星中含有少量甲烷。宇宙中没有氧气，甲烷不会燃烧。但是进入大气层之后，大量的氧气与之高速摩擦产生热量，达到了甲烷燃烧的充分条件。所以，陨冰在通古斯上空爆炸了。

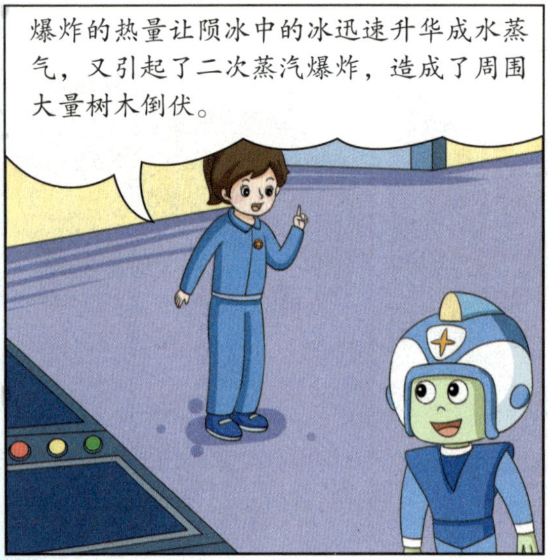
爆炸的热量让陨冰中的冰迅速升华成水蒸气，又引起了二次蒸汽爆炸，造成了周围大量树木倒伏。

放心，这种爆炸发生的概率极低的，我们 π 星球历史上也只记录过类似的两次爆炸！

天文学家

▲ 第谷·布拉赫：丹麦天文学家和占星学家。

▲ 郭守敬：中国元代天文学家、数学家、水利工程专家。他发明了赤道经纬仪。西方直到300年之后，才由第谷发明了类似的装置——赤道浑天仪。

◀ 约翰尼斯·开普勒：德国天文学家、数学家与占星家，第谷的学生，继承和发扬了第谷的研究成果，并最终形成了自己的独创理论。

宇宙科学苑

▶ 艾萨克·牛顿：英国物理学家，他发现的“万有引力定律”奠定了近代天体物理学的基础。

▲ 埃德蒙多·哈雷：英国天文学家、地理学家、数学家、气象学家和物理学家。哈雷彗星就是他发现的，他还发现了天狼星、南河三和大角这三颗星的自行规律和月球加速现象。

▲ 查尔斯·梅西叶：法国天文学家。

光的宇宙之旅

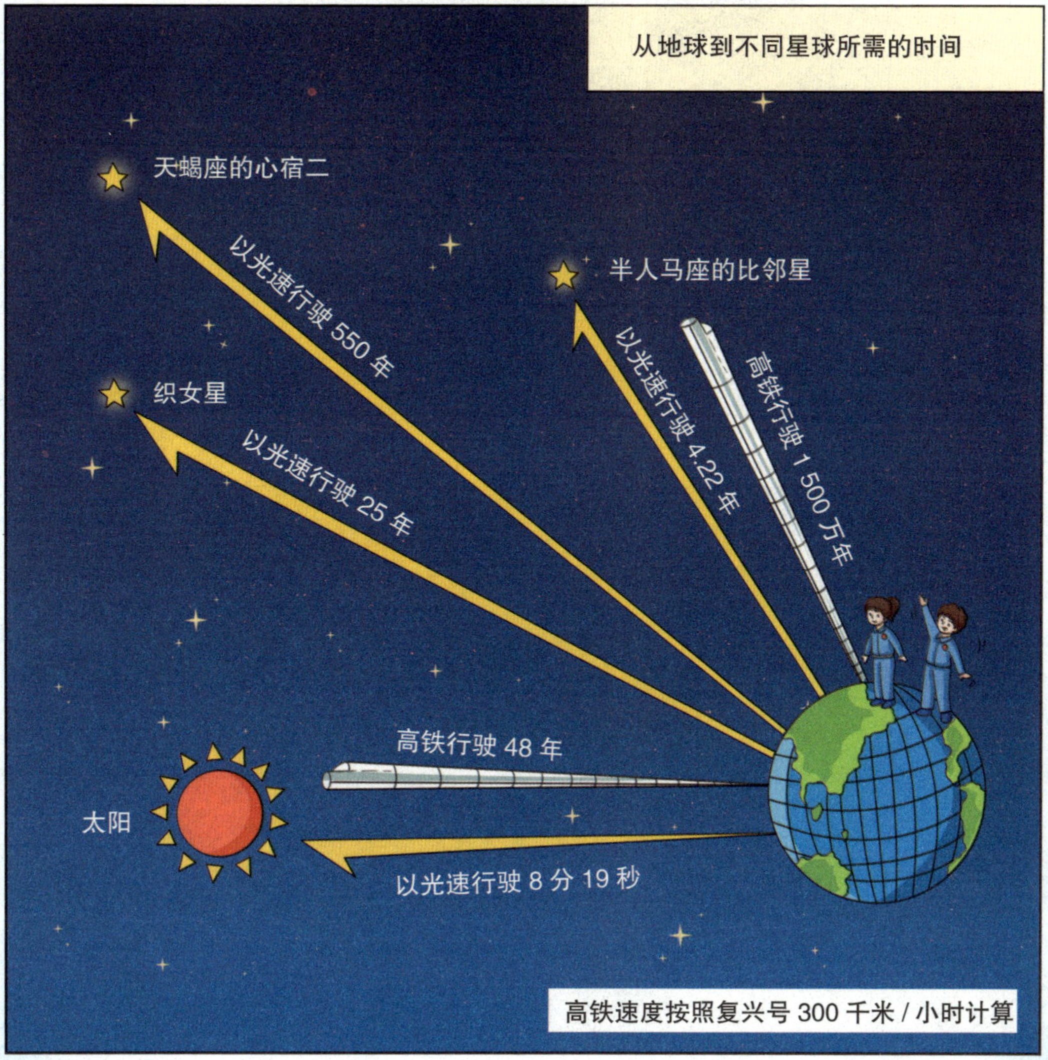
从地球到不同星球所需的时间
天蝎座的心宿二
以光速行驶 550 年
半人马座的比邻星
以光速行驶 4.22 年
高铁行驶 1 500 万年
织女星
以光速行驶 25 年
高铁行驶 48 年
太阳
以光速行驶 8 分 19 秒
高铁速度按照复兴号 300 千米 / 小时计算

我们地球人什么时候可以自由地在星空旅行啊，像西格玛一样。
如果不借助折叠空间技术，其实，我们π星球上收到地球的信息，也是远古时代啊。
天狼星！
8.7 年
雷顿出生那一刻天狼星发出的光，要到他上小学才能看见。

大太阳也是小不点儿

雷顿，还记得我们在天文博物馆看到的那幅画吗？
嗯，那时候觉得比太阳体积大500倍的恒星都是不可思议。
那些只是你们地球人的想象，实际上，宇宙中还有更大的天体。

虽然太阳与地球相比，是个巨无霸，它的直径是地球的109倍。但放眼整个宇宙，太阳就很普通，许多恒星都比它大得多。

这是一粒尘埃吗？
什么眼神？我是月球！

盾牌座史蒂文森2-18是已知最大的恒星，体积是太阳的近100亿倍。

近大远小

这些恒星离我们太远了。近大远小，我们就会出现视觉误差，让我们觉得反倒是月亮看起来更大。
嘻嘻，我经常这样自拍。显得我和巨人一样高。
嘿嘿，作为朋友，可不能让你这样欺骗你的粉丝。给大家看看真相！

过去，古人航海主要靠肉眼看星星来辨别方向。
有了望远镜之后，看到的星星更多了，人们这才发现原来月球不是最大的天体，宇宙中有更多、更大的星星。
各种天文望远镜被发明出来，建立了许多天文台来观测宇宙。
再后来，地球人在太空中建立了太空观测站，可以看到更远、更广的宇宙空间。

太阳是宇宙的中心吗

燃烧的星球

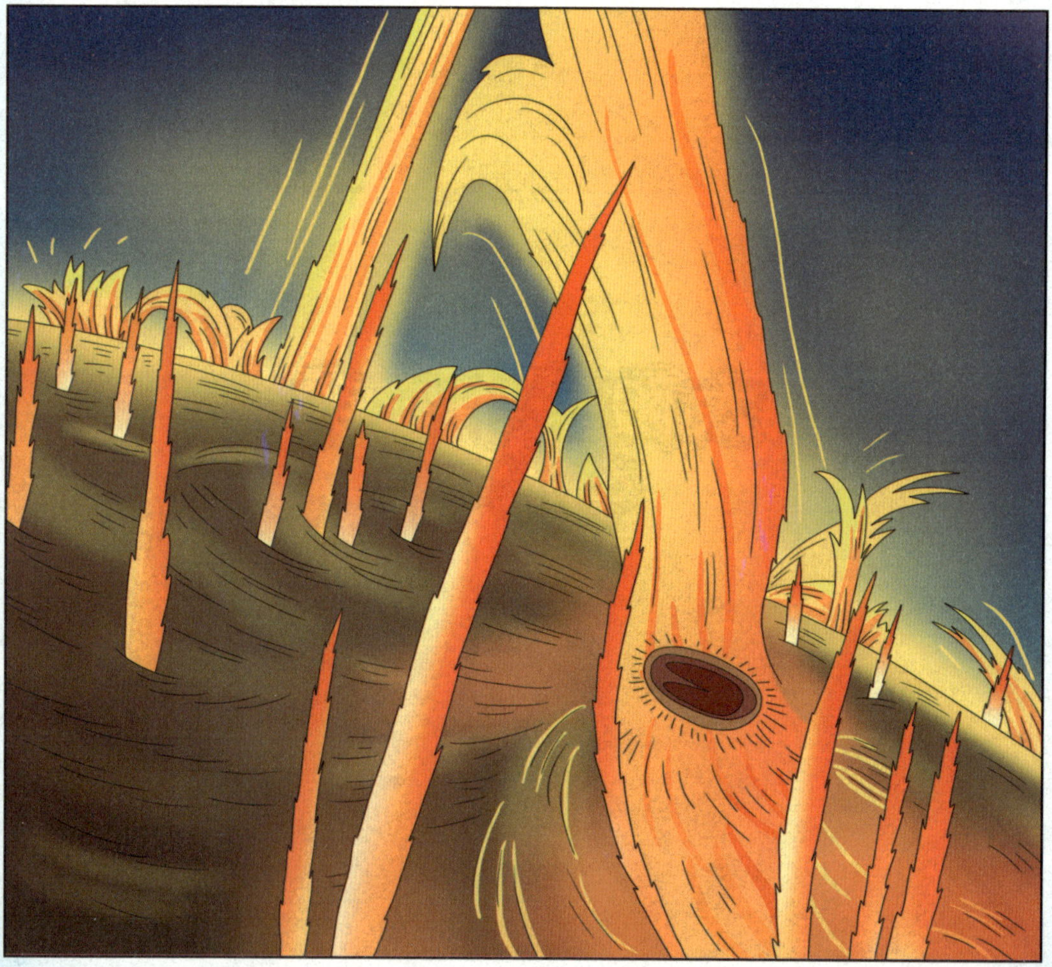

哎，飞船怎么显示故障警报了？
真奇怪……我的飞船航行了这么久，还从来没坏过呢！不过别担心，我马上就修好。
可以搭乘你的飞船在太阳系转转吗？
当然没问题了，我一个人飞得太久了，无聊得很！
咦？前面那个大的发光体是……

那不就是太阳吗？
你们地球人叫它太阳？
没错！
看！太阳外层的火焰喷得好高啊！

宇宙课堂

太阳的颜色

太阳是什么颜色的？每个人的答案可能都不同。

在地球上，我们会看到太阳每天在不同时间呈现出几种颜色：早上是红通通的，中午是白花花的，傍晚是金灿灿的。

但如果在外太空看太阳，你会发现它是白色的。白色光实际上是可见光的总和，用光谱来分析，包括红、橙、黄、绿、蓝、靛、紫这些可见光。

为什么我们在地球上会看到黄色的太阳？

因为大气层把阳光中波长较短的蓝、靛、紫等光散射和削弱了，波长较长的黄、红、橙等光就成功地到达地球表面。所以，我们看到的天空是蓝色的，太阳大多是橙黄色的。

不过，在天文学概念上，太阳还真是一颗黄星，叫黄矮星，寿命在100亿年左右。太阳现在正处于中年时期，已经快50亿岁了。

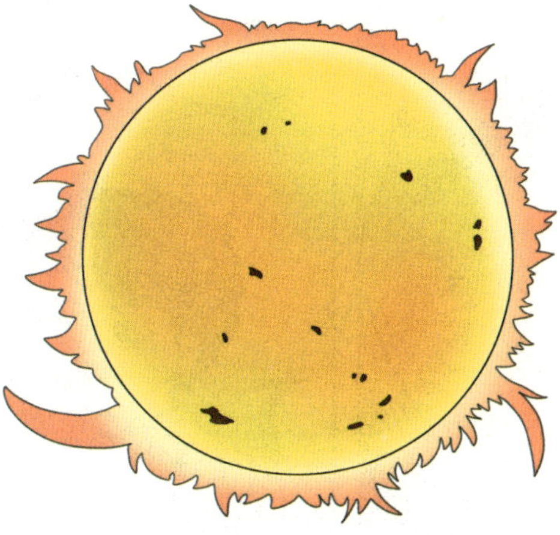

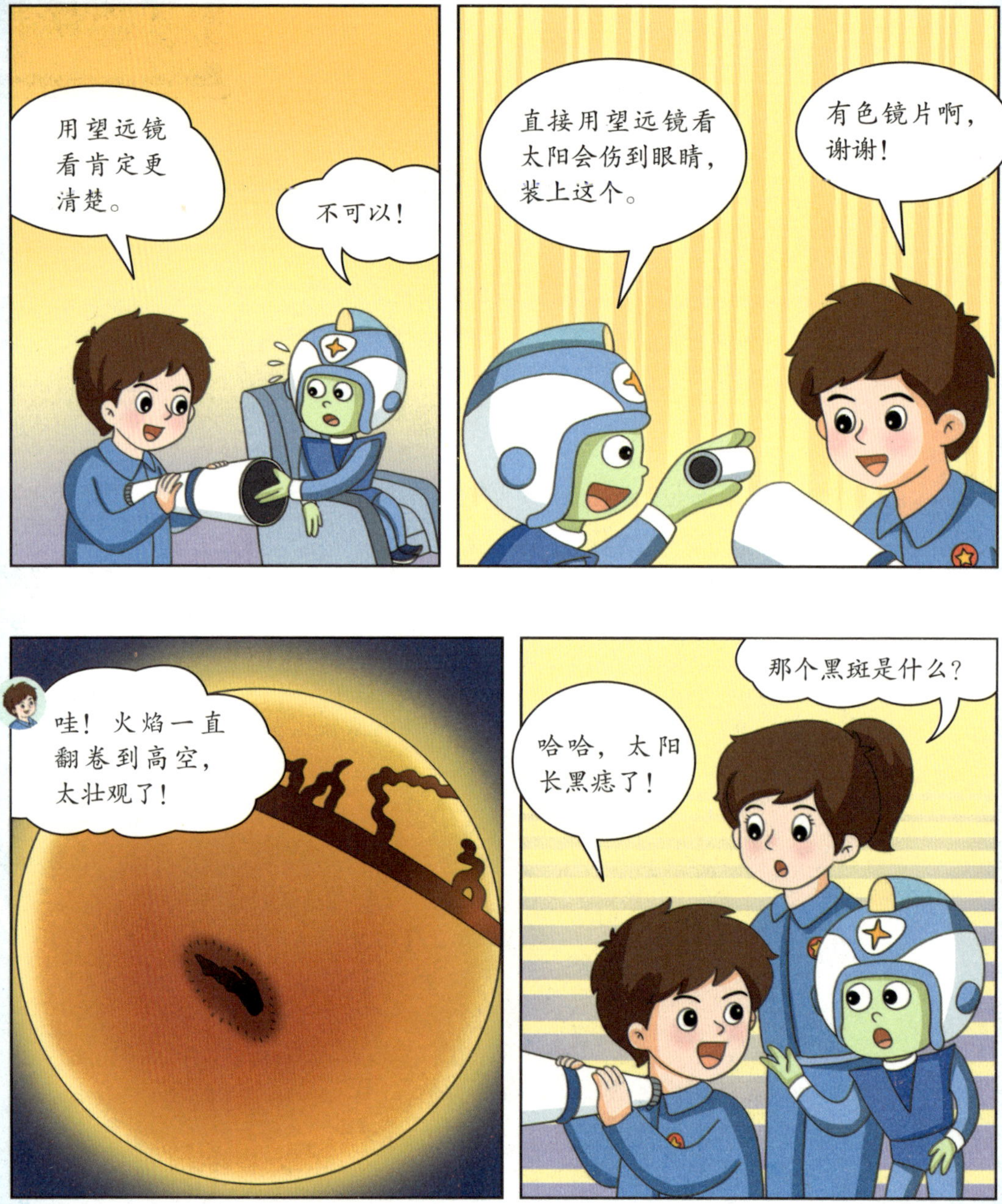
用望远镜看肯定更清楚。
不可以！
直接用望远镜看太阳会伤到眼睛，装上这个。
有色镜片啊，谢谢！
哇！火焰一直翻卷到高空，太壮观了！
那个黑斑是什么？
哈哈，太阳长黑痣了！

奇怪，我也不知道那是什么。
快问一问无敌的云脑吧！
好主意！
云脑，请回答！

宇宙影像馆

太阳的构造

你可能想不到，太阳是个巨大的气体球。因为它的引力特别大，所以这些气体才不会跑掉。

太阳从里向外由核心、辐射区、对流层、光球层、色球层、日冕层构成。太阳的核心可产生能量，那里温度最高，有1500万～2000万℃。太阳表面约为6000℃。

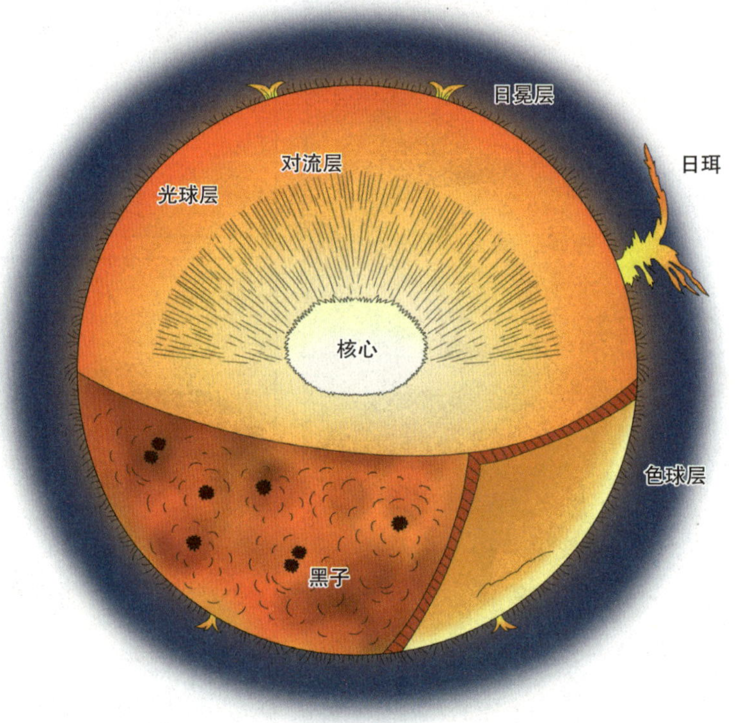

太阳上的黑点

云脑没反应，它也不知道吗？
别着急呀！云脑是根据你们的知识水平在搜索答案呢。稍等片刻。
云脑这么神奇，还能判断出我们的知识水平？
当然了，云脑是我们星球的高科技，你们心里想什么，它一清二楚！
云脑请快快回答，我等不及了。

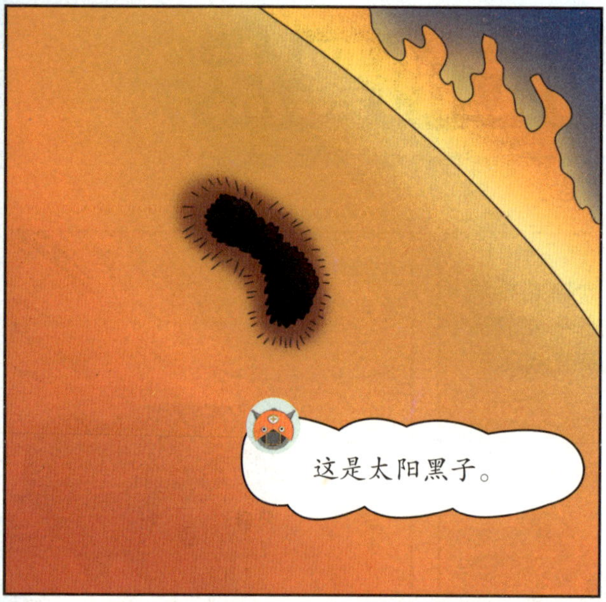
这是太阳黑子。

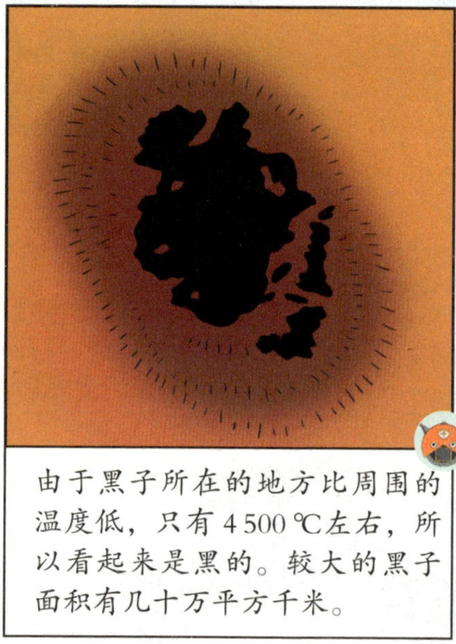
由于黑子所在的地方比周围的温度低，只有4 500 ℃左右，所以看起来是黑的。较大的黑子面积有几十万平方千米。

太阳黑子增多会干扰你们地球上的无线电通信。

那也未必！
那也就是说，太阳黑子是专干坏事喽？

黑子具有强大的磁场，会干扰地球上的无线电并引起磁暴和极光。

来自太阳的带电粒子因地球磁场的关系，集中在北极和南极。

这些带电粒子流进入地球磁场时，与地球高层大气中的原子碰撞，发出的光就是极光。极光的色彩辉煌瑰丽，是地球上的一大奇观。

黑子怎么动了

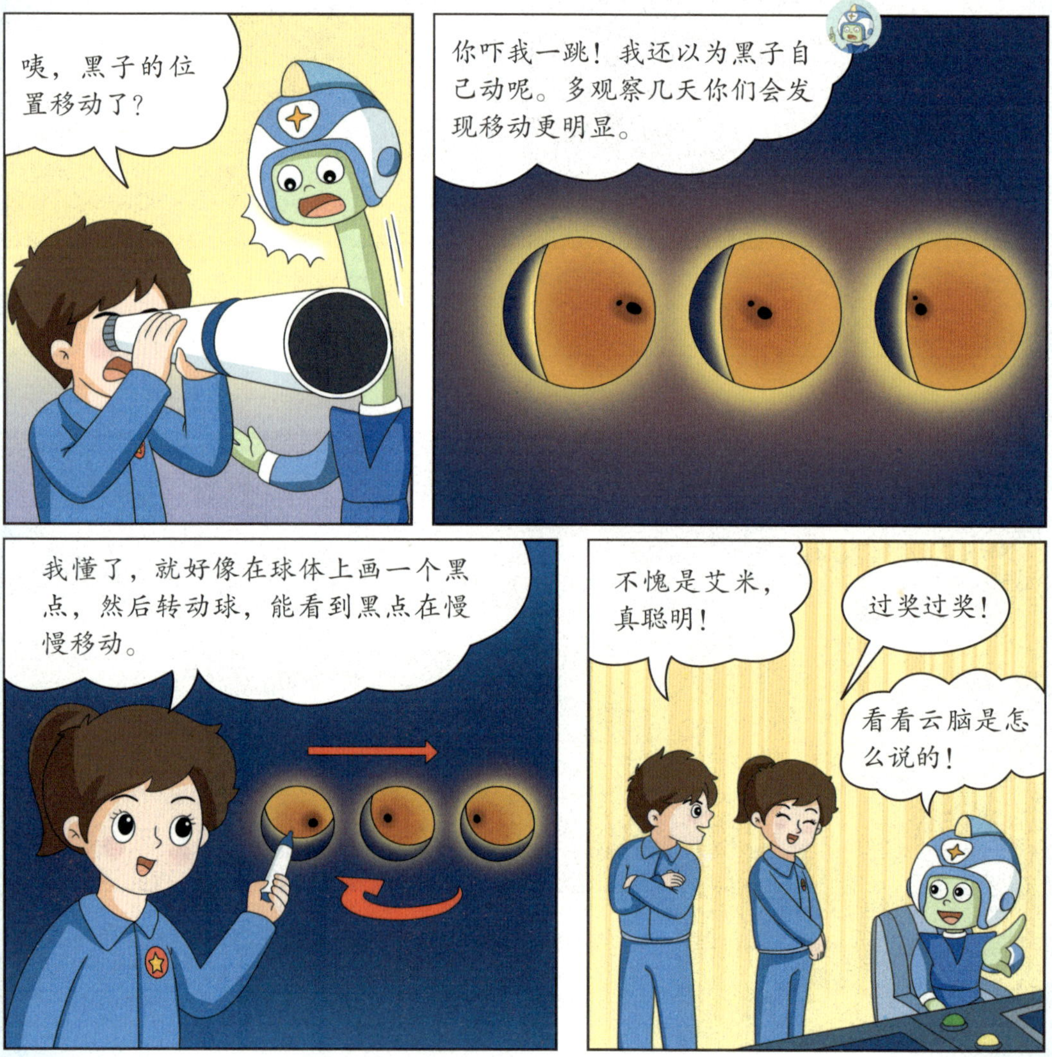
咦，黑子的位置移动了？
你吓我一跳！我还以为黑子自己动呢。多观察几天你们会发现移动更明显。
我懂了，就好像在球体上画一个黑点，然后转动球，能看到黑点在慢慢移动。
不愧是艾米，真聪明！
过奖过奖！
看看云脑是怎么说的！

你们看到太阳黑子在动，是因为太阳和地球一样，都在不停地自转。

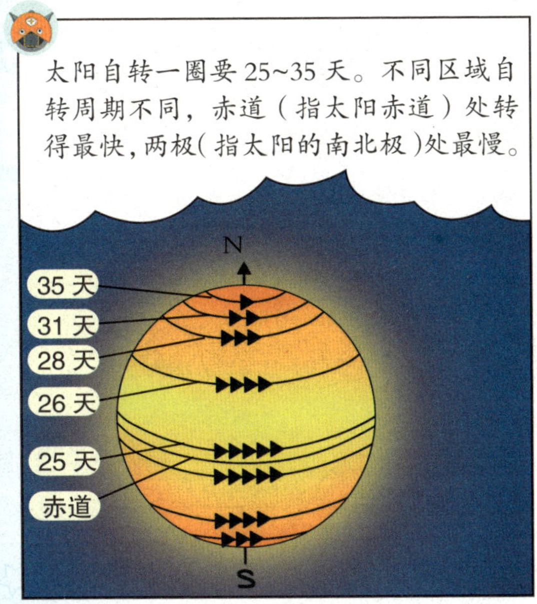
太阳自转一圈要25~35天。不同区域自转周期不同，赤道（指太阳赤道）处转得最快，两极（指太阳的南北极）处最慢。
N
35天
31天
28天
26天
25天
赤道
S

啊？那会不会转变形了？
嘿嘿！像这样吗？

宇宙
影像馆

太阳黑子

2014 年 1 月，美国宇航局拍摄到了太阳上几个巨大的太阳黑子，最大的一个黑子直径超过 12 万千米，旁边蓝色参照物球体是地球，可见这个太阳黑子比地球要大得多。

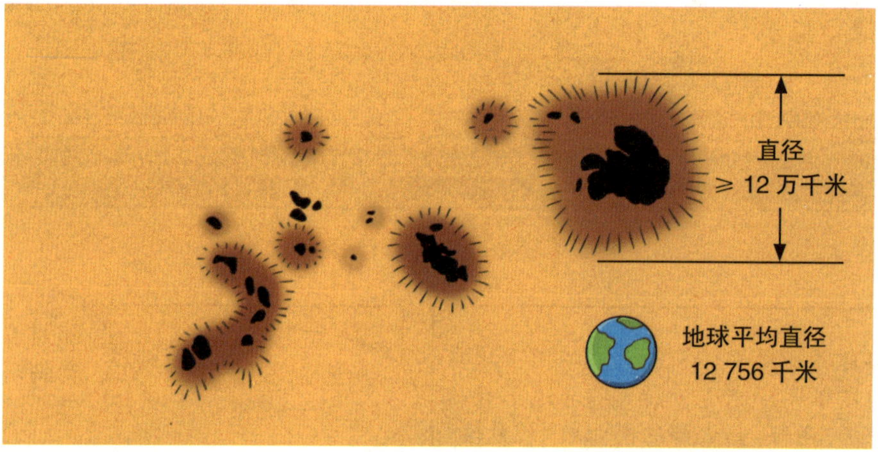

如果把太阳看成一个篮球，这个大黑子只有一颗绿豆大小。

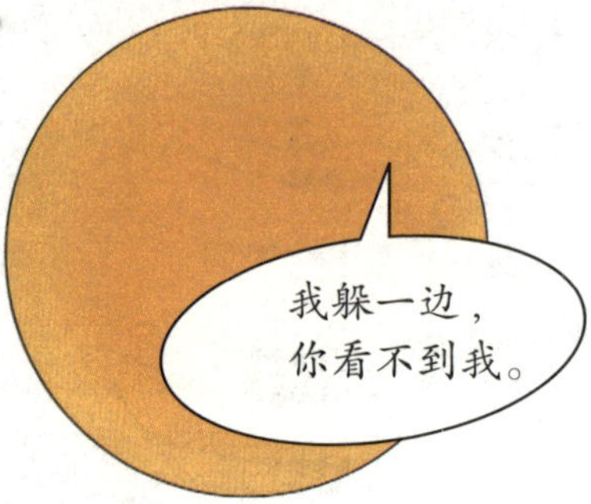

太阳的大耳环

我看太阳的构造图里标注了日珥，日珥是什么？
日珥是太阳大气层的一种气体云。
日珥通常有 4 万 ~20 万千米高，可以在太阳表面连续活动几周甚至几个月。
巨型日珥你们地球人肉眼就可以发现，在日全食的时候最明显。

日珥的形状各有不同，有的像拱门，有的像喷泉，有的像礼花喷射。
看上去就像太阳戴了好多个耳环一般。
艾米，送你几个大耳环要不要？日珥，很名贵的！
你留着自己戴吧，就是当心别把自己烤熟了。

太阳耀斑

虽然对地球不错，但是太阳远比我们想得要危险得多。
不靠近它就行了，怕什么？
咦？你们看，那是什么？
突然有几处变得好亮！跟黑子完全不一样了！
这是太阳耀斑爆发了！

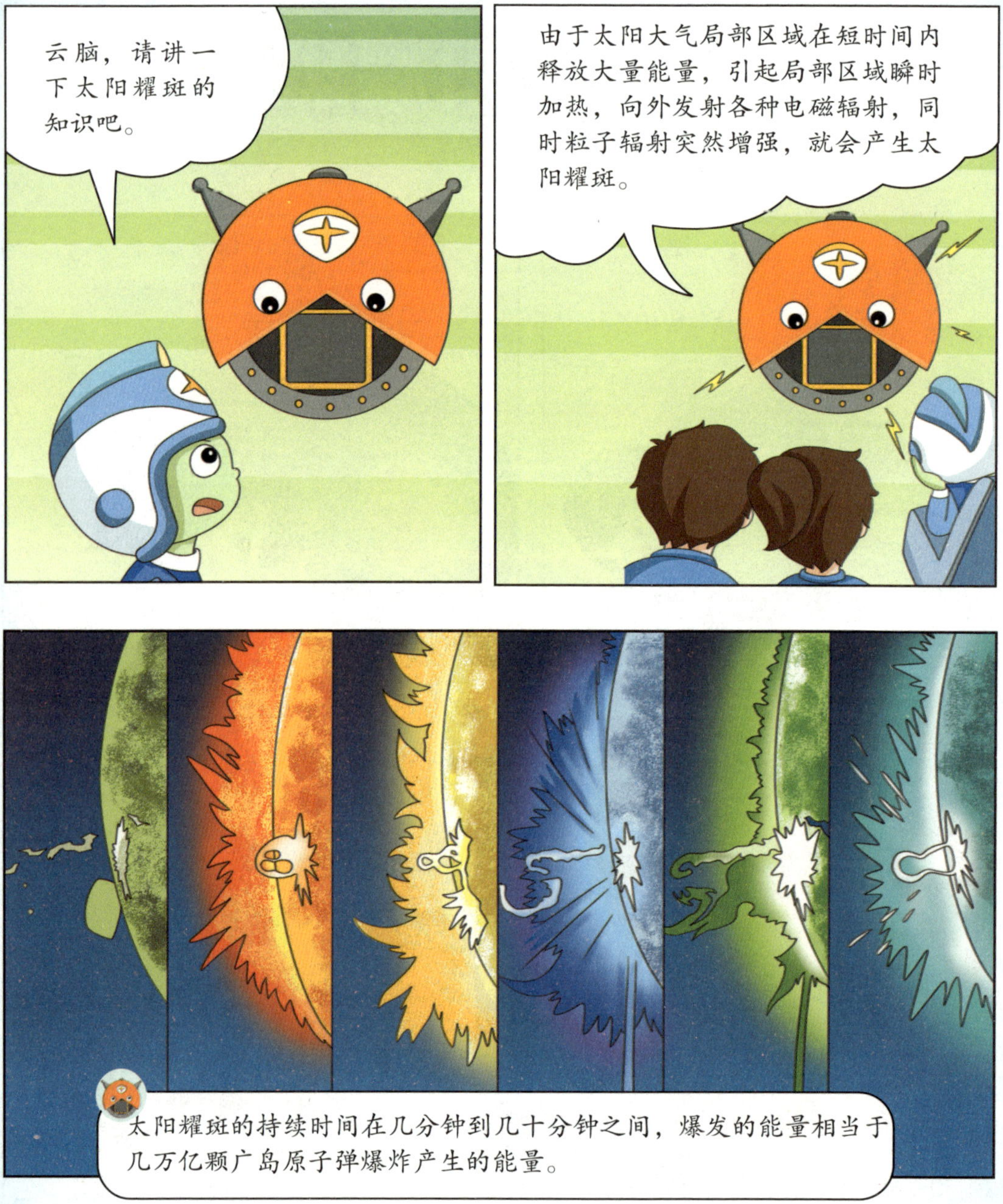
云脑，请讲一下太阳耀斑的知识吧。
由于太阳大气局部区域在短时间内释放大量能量，引起局部区域瞬时加热，向外发射各种电磁辐射，同时粒子辐射突然增强，就会产生太阳耀斑。
太阳耀斑的持续时间在几分钟到几十分钟之间，爆发的能量相当于几万亿颗广岛原子弹爆炸产生的能量。

太阳耀斑对地球的影响

太阳耀斑会影响人类的生活，这一点，科学家已经达成共识。

1859 年 9 月，人类历史上第一次观测到太阳耀斑爆发后的 17.5 小时，地磁台站记录到强烈的地磁扰动。第二天，世界许多地方（包括我国河北等地）看到了美丽的极光。

1942 年 2 月 27 日，英国的一个雷达站接收到很强的噪声干扰。这天太阳耀斑大爆发，一天后又出现了大磁暴。

太阳耀斑的爆发，会对人类的生活产生哪些影响呢？

影响空间飞行。太阳耀斑会使空间飞行器莫名改变飞行轨道，各种电子电器受到严重影响，甚至失灵。

影响地球上的通信信号和广播信号。太阳耀斑的爆发，往往还伴有大量的粒子流，产生大量高强的电磁信号，这会严重干扰通信信号的传送。

太阳耀斑爆发之后，往往会引起太阳风暴，最远可以到达冥王星以外。

虽然太阳耀斑爆发时产生很高的能量和热量，但是传播到地球的，只是很少的一部分。

地球之所以安全，是因为有厚达几千千米的大气层保护。一旦失去了大气层的保护，人类就会裸露在太空中，被各种太空射线照射、被各种热辐射包围，那样的后果是不可想象的。

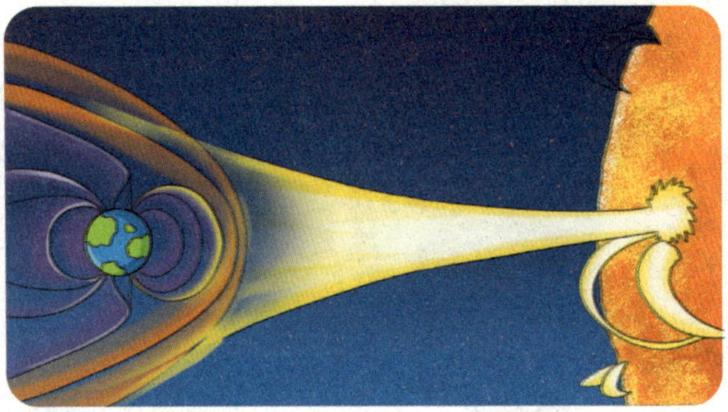

太阳活动周期

除此之外，太阳上还有比较温和的太阳活动——“光斑”。
网上说太阳活动周期是 11 年，就是说每隔 11 年，黑子啦，耀斑啦，就爆发一次，对吧？
准确地说，太阳活动的平均周期是 11.1 年，从 1858 年观测到太阳黑子以来，人们发现，短的太阳活动周期只有 9 年，长的达 14 年。
这是你们地球上记录的从 1996 到 2006 年，11 年周期的太阳耀斑和黑子变化。2001 年是最高活动年份。
1996
2006
1997
2005
1998
2004
2001
1999
2003
2000
2002

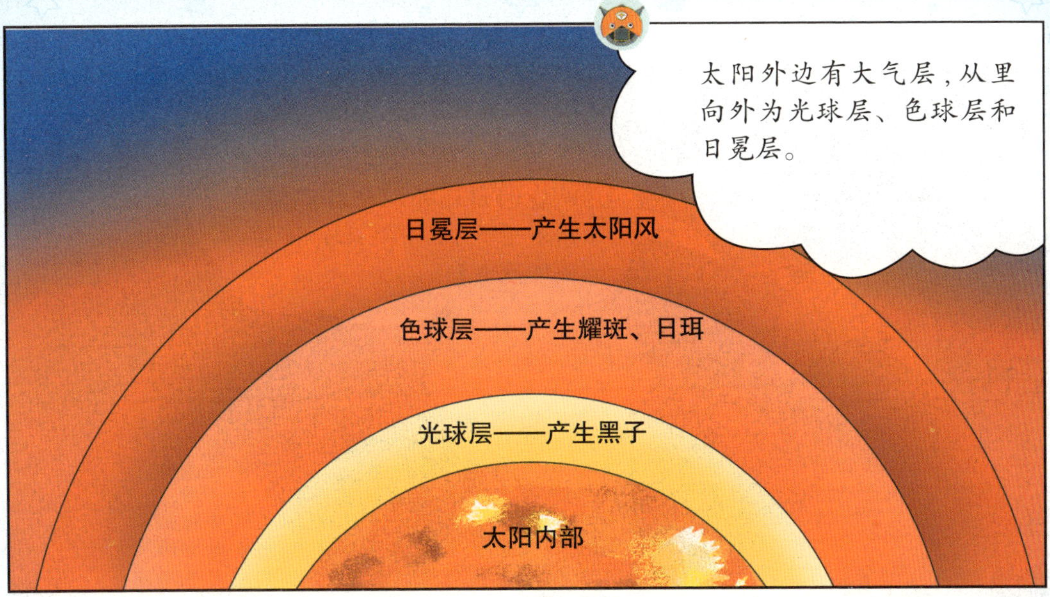
太阳外边有大气层，从里向外为光球层、色球层和日冕层。
日冕层——产生太阳风
色球层——产生耀斑、日珥
光球层——产生黑子
太阳内部

太阳风是太阳大气层射出的超声速等离子体带电粒子流。

太阳风在日冕层产生，日冕层的冕洞是太阳风的风源。
太阳风可以被人类利用吗？

目前，你们地球上的太阳风能利用还处在试验阶段，你看看我们π星球的恒星风风帆电站。

这是我们用石墨烯制作的风帆，这种材料在你们地球也十分常见。

因为这类风帆展开面积巨大，所以我们 π 星球是在太空中发射这种风帆运输飞船，入轨后再展开风帆，面积可以达到几千平方千米。

这是我们以前的技术，现在我们掌握了时空折叠之后，就不再需要利用恒星风帆了。只是在一些比较偏僻的小卫星上还用这样的风帆做能源。

奥尔特云

这类风帆用作空间站能源使用还可以，用作星际飞船动力恐怕就不合适了。
为什么？因为能源不足吗？
这类风帆主要是利用恒星风射出粒子流中的高速电子冲击石墨烯产生能量，恒星风跟你们的太阳风差不多。恒星风速度快，可以达到800千米/秒，但是密度低，每立方厘米只有100个电子。
那是太少了，地球的物质，每立方厘米至少有几十亿个电子。
所以啊，这样的风帆面积要足够大，要几千平方千米，甚至几万平方千米。
天哪，这比一个城市面积都大。
所以，这样的风帆在星际飞船上，运行起来不便利，宇宙中各种小天体，比如陨石的碰撞，都会对它造成伤害。就像太阳系外面的奥尔特云和柯伊伯带，陨石和碎冰块数都数不清！

快说说，奥尔特星云里都是什么样子的？柯伊伯带里呢？
对，我也想知道，地球人到现在都不清楚那里是什么样子的。
雷顿，你说“奥尔特星云”，这个称呼是错的。
不都是这么说吗？哪里错了？
星云一般是指包含了很多恒星在内的天体，直径在几百到几千光年之间。奥尔特云只是太阳系外围的一个陨石地带，里面没有恒星也没有行星，只有一些小的天体，最大的也就是几百千米，还有一些碎冰等。
哈哈，原来是奥尔特云，牛小顿翻车了。
我来的路上就穿过奥尔特云和柯依伊带，一路上也是挺惊险的。

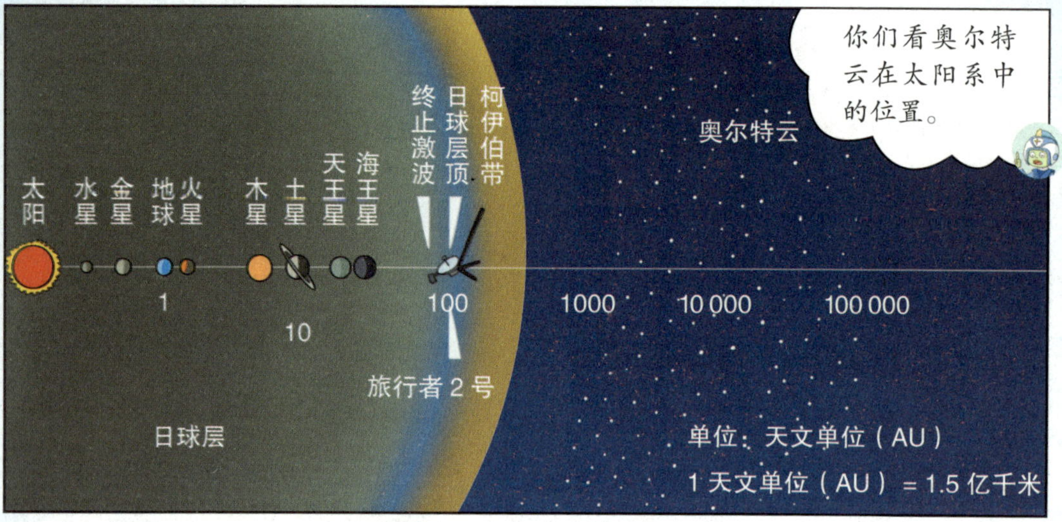
你们看奥尔特云在太阳系中的位置。
奥尔特云
太阳
水星
金星
地球
火星
木星
土星
天王星
海王星
终止激波
日球层顶
柯伊伯带
1
10
100
1000
10 000
100 000
旅行者 2 号
日球层
单位：天文单位（AU）
1 天文单位（AU）= 1.5 亿千米

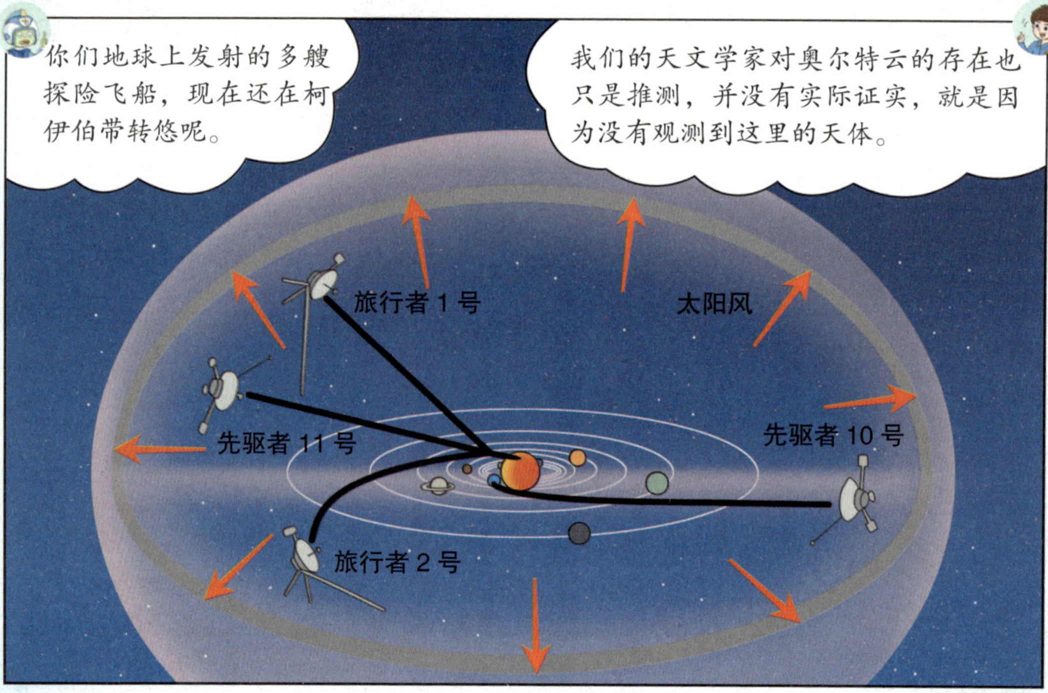
你们地球上发射的多艘探险飞船，现在还在柯伊伯带转悠呢。
我们的天文学家对奥尔特云的存在也只是推测，并没有实际证实，就是因为没有观测到这里的天体。
旅行者 1 号
太阳风
先驱者 11 号
先驱者 10 号
旅行者 2 号

你们天文学家的推测是正确的，奥尔特云确实存在，分内奥尔特云和外奥尔特云两层，实际上是一体的。
真的？你快详细跟我说说。这可是重大发现啊！
你捏疼我了！
柯伊伯带其实跟奥尔特云是连在一起的。我看你们的文字记载，柯伊伯带外有一个柯伊伯断崖空间，其实不存在。因为这一段都是一些微小的陨石碎块和冰，最大的也不过几立方千米，以地球目前的科技水平观测不到这些小星体。

这些小天体为什么只在奥尔特云呢？它们不会逃离太阳系或者被太阳吸入进来吗？
这个嘛，我估计是这些小天体随着太阳的公转产生了离心力，同时又受到了太阳的引力，这两种力方向相反，又刚好平衡，所以它们就只能待在奥尔特云里了。
对了，书上说彗星主要是在柯伊伯带产生的，会不会奥尔特云也会产生彗星？
柯伊伯带和奥尔特云没有明显分别，柯伊伯带距离地球近一些，地球人能够观测到，所以了解得多一些。
现在，我们已经标记了200多颗周期彗星，奥尔特云里会不会有一些周期特别长的彗星还没有被标记？
这个肯定有！在我们π星球，有的彗星周期可达几万年，运行轨道周长达到了几十亿千米。

来自地球的呼叫

雷顿、艾米，这里有一个来自地球的呼叫信号，是不是找你们的？
基地，我是火星青年号领航员雷顿，我们的飞船遇到故障，与 π 星球外星人飞船相撞，已经获救，无人员伤亡。回答完毕！
感谢 π 星球飞船搭救！雷顿，你们的飞船还能飞吗？完毕！
火星青年号燃料外泄一多半，飞行轨道也变更了，我们现在已经偏离到土星外轨道上。完毕！
那可以请 π 星球飞船带你们回地球吗？完毕！

没问题，我很乐意送他们返回地球。我叫西格玛。
好的，西格玛，谢谢你，欢迎你到地球来做客。祝你们旅途愉快。完毕！
太好了，我们终于可以回家了！

“脾气”怪异的八大行星

木星环游

艾米，你说木星上会有生命吗？
木星上是不可能有任何生命存在的。
木星大气中没有氧气，只有氢和氦，以及少量的甲烷和氨。任何生命在这里都无法存活。
还有啊，木星幔的主要成分为液态氢，星体表面温度为零下140 ℃。你上去立刻就成冰棍，而且是千年不化的那种。

千年大网红

木星绕太阳公转轨道周长很长，木星上的一年是地球上的 12 年。
确实是难得的近距离观测机会。古代地球人就一直在观测木星，木星在爱好天文的网友中也是大网红呢！
西格玛，我想近距离看看木星。
看，这就是著名的木星大红斑。
唉，不小心暴露素颜了！
其实，木星红斑是木星大气层的风暴气旋，这种气旋最大的时候比地球还大几倍。

木星红斑有好几处，最大的在木星南极附近，名字就叫大红斑。
这些红斑就像是被阳光晒伤了一样。
哈哈哈，确实和你去年被晒伤的脸挺像的。

木星的卫星也是出名得多，现在已经发现的就有 80 多个了，而且还陆续有新发现。
我都记不清你是老几了？木卫八十一？

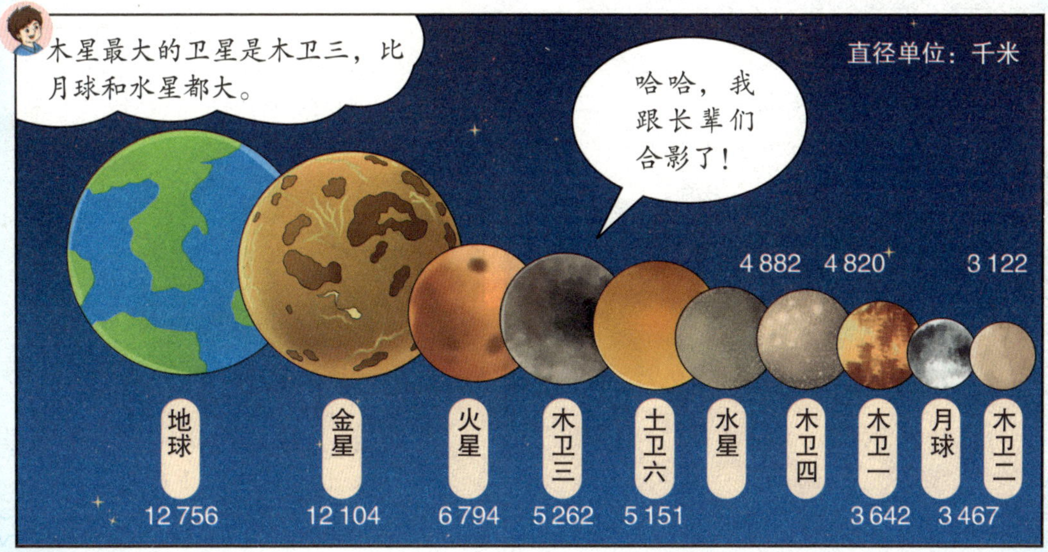
木星最大的卫星是木卫三，比月球和水星都大。
直径单位：千米
哈哈，我跟长辈们合影了！
地球 12 756
金星 12 104
火星 6 794
木卫三 5 262
土卫六 5 151
水星 4 882
木卫四 4 820
木卫一 3 642
月球 3 467
木卫二 3 122

失踪的陨石坑

木卫二上有大量的液态水，比地球上的水还多，表面覆盖着100多千米厚的冰层。
木卫二
地球
哎呀，我们都离木星这么近了，为什么还看不到上面的陨石坑？不是说苏梅克－列维9号彗星撞击木星，相当于20万亿颗广岛原子弹爆炸吗？
木星是一颗气体行星，彗星撞击与爆炸都是在木星的大气层中，当时地球上观测到的所谓“陨石坑”，其实是暗斑，爆炸之后一年内就消失了。
哦，太遗憾了！
木星主星上虽然没有留下伤疤，可它的卫星上却有很多陨石坑。
木卫三上有太阳系最大的陨石坑，直径达7000多千米。
谁让我是卫星中的老大呢！我不挨揍谁挨揍？

啊，这颗卫星怎么这么丑？
这是木卫一。它就像一个烧焦的皮球，上面坑坑洼洼的，有的是被陨石撞的，有的是它自己上面几百座活火山喷发造成的。
木卫二上面覆盖着冰层，木卫一上却满是活火山。这些卫星表面温度还不一样吗？
还真是不一样。木卫三上有流动的液态水，木卫四上面被陨石撞击得更多、更狠，形成了撞击坑平原。
木卫五就像是一颗没有长好的超大红薯，有几百千米长！木卫十一像土豆，木卫九就像一个泥巴团。
真是千奇百怪！
以前没这么近距离看过木星，现在看了，有点儿小小的失望啊！
那咱们走吧，一起去看美丽的土星环！

戴不起的土星环

看，土星环，真漂亮，在太空中看更清晰了。

呵呵，等你待会儿见到土星环的真实面目，一定会大失所望的！
为什么这么说？
我们在照片上看到的土星环是这样的。
而实际上，土星环是这样的！

土星环的主要成分是冰颗粒，还有少量的尘埃。这些颗粒最小的只有几微米，大一点儿的也不过一米多。这些颗粒聚在一起组成了多层环。
在太阳光照射下，反光产生各种颜色，就是我们远远看到的样子。在地球上，因为大气的波动，还会看到光环闪烁。太空中没有大气，土星环就只剩艳丽的颜色了。角度不同，看到的颜色也会不同。
实际上，土星环就是泥土或者污染的雪团的颜色。
住口！不许破坏土星环在我心中的美好印象！

虽然组成土星环的颗粒都比较小，科学家估算它们的质量有 1 千万亿到 2 千万亿吨。

要是想戴上这么重的一个环，你得变成一个比地球还要重的胖子（地球的质量约为 60 万亿吨）。

雷顿，你站住，我保证不打你！

虚胖的土星

土星的直径是地球的 9.5 倍，质量是地球的 95 倍，体积（不包括土星环）却是地球的 750 倍左右。
土星就是虚胖，它的身体内主要是气体。
土星的密度比水还小，扔在水塘里自己就能漂浮起来了。
你家有这么大的水塘吗？能装下土星？

别这么较真嘛！土星的自转跟木星差不多，一圈约 10.5 小时，公转却很长，一圈约 29.5 年。把你送到土星上，晃两圈直接成老太太了！
雷顿！！！
好了，我再也不乱说了！

暴脾气的土星

土星跟木星都是气态行星，含大量的氢，有的是气态氢，有的是液态氢。
咱俩做朋友吧！
算了吧，你那儿风太大了！
再说你脾气不好，经常“家暴”呢！一暴就是几百天！
土星上的风暴多，一般的风旋涡直径都有3 000多千米，风速可达每小时300多千米。
土星上还有一种奇怪的六边形风暴，宽度能达到几万千米。
土星的风暴有时候还带有闪电现象。

土星的希腊名为克罗诺斯。克罗诺斯是古希腊的时间之神，也是第二代神王。
古代中国把土星叫作“镇星”，因为它大约28年绕太阳一周，刚好对应古人所说的二十八宿，好像每年在一个宿星中坐镇一般。
你们地球人给星星起名字还真是讲究。
土星作为主星脾气这么暴，它的卫星们也有样学样。

小土妖们

土星家老大土卫一，脸上一个大疤就是它的招牌标志，这是很久以前跟不知名的小行星打架撞的。
土卫二经常恶作剧，间歇性有冰喷泉出来，吓唬周围的小行星。这些喷泉有时候高达 200 千米。
土卫三，长得很喜感，可以做表情包。
唔……这个只是红外成像图，不是真实图像。
土卫六，长得一张人畜无害的黄色面孔，可是却暗藏杀机，上面很多甲烷湖泊，都是易燃易爆物的存在。
没有燃烧条件，甲烷不会燃烧。

我们地球人一直在关注土卫六，多次派遣无人飞船上去。据观测，它上面是最有可能产生有机物的。有了有机物，就可能有生命诞生。
土星的卫星数量在太阳系排第一。
我就只有月球一个卫星，真是没有比较就没有伤害！

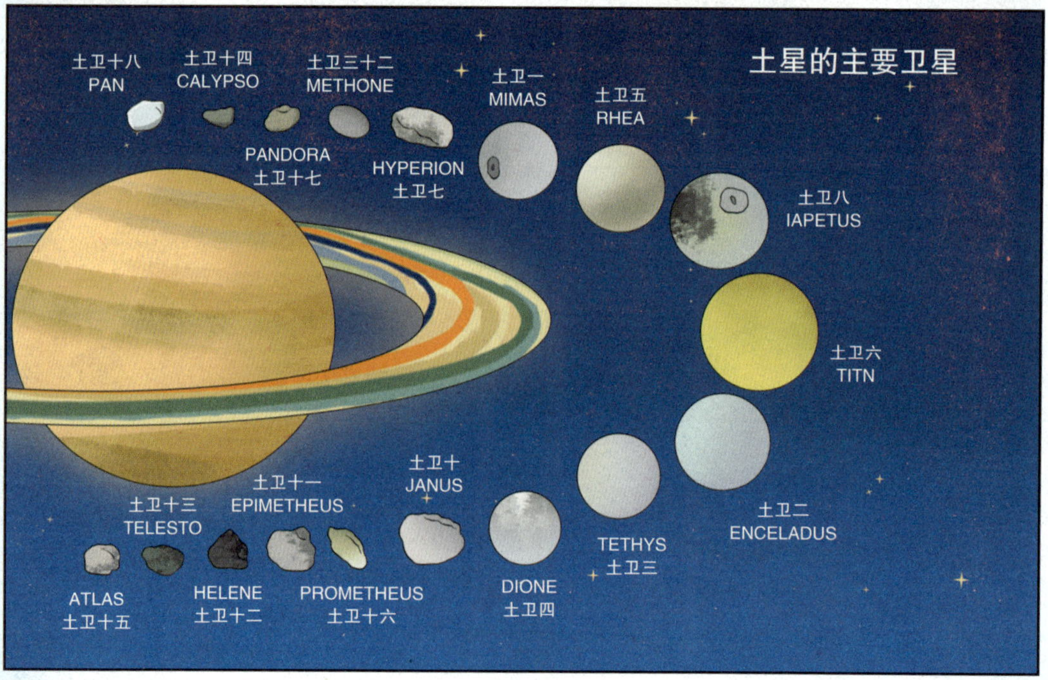
土星的主要卫星
土卫十八
PAN
土卫十四
CALYPSO
土卫三十二
METHONE
土卫一
MIMAS
土卫五
RHEA
PANDORA
土卫十七
HYPERION
土卫七
土卫八
IAPETUS
土卫六
TITN
土卫十
JANUS
土卫十一
EPIMETHEUS
土卫十三
TELESTO
土卫二
ENCELADUS
TETHYS
土卫三
DIONE
土卫四
ATLAS
土卫十五
HELENE
土卫十二
PROMETHEUS
土卫十六

大天王还是大懒王

我们去下一颗行星看看吧。
好啊，那就去天王星吧。
大家坐好了，我们大约10分钟后到达。
哇，速度也太快啦！
天王星、海王星，还有被除名的冥王星，都是冰巨星。
为什么在太阳这么强烈的光芒下，还会有冰巨星？
它们距离太阳都太远了，几乎感受不到阳光的温暖。天王星距离太阳平均20个天文单位，海王星距离太阳平均30个天文单位。
一个天文单位就是太阳和地球间的距离，大约是1.5亿千米。30个是……好远！

海王星体积约为地球的7.8倍，除了赤道，都被薄雾笼罩着。

天王星的体积是地球的4倍，它上面覆盖着厚厚的冰雪，温度很低，转动的方向和其他星球不同。

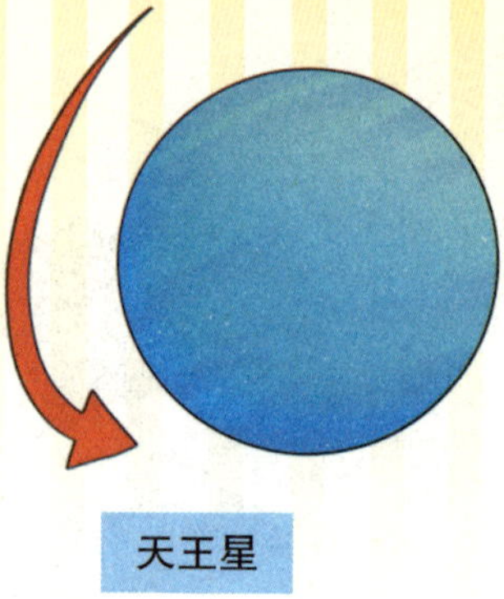

天王星是一颗像我一样“慵懒”的行星，它是躺着转的。
天王星的自转轴与黄道面的夹角达到98度，而地球仅仅只有23度。所以天王星看起来就像在“躺着转”。
欧洲人给天王星起名叫乌拉诺斯，这是古希腊神话中的神王。还记得土星叫什么吗？克罗诺斯！
难道他们是父子，都叫什么诺斯？
没错，他们虽是父子，但关系不和。因两个星球相隔很远，人们就调侃是天王星害怕土星。
哈哈，你们地球人真能编故事。

又懒又危险的星球

我们就远远地看看天王星吧，别靠得太近。
西格玛的飞船这么先进，我们干吗不飞近一点儿？机会难得啊！
因为天王星太懒，不爱洗澡，身上有恶臭！
胡说八道！哦，我想起来了，天王星大气中有硫化氢，像臭鸡蛋的味道。
据推测，天王星内部含有大量硫化氢，因为温度太低，大部分都是液态或者固态的，只有少部分气体散逸在外。

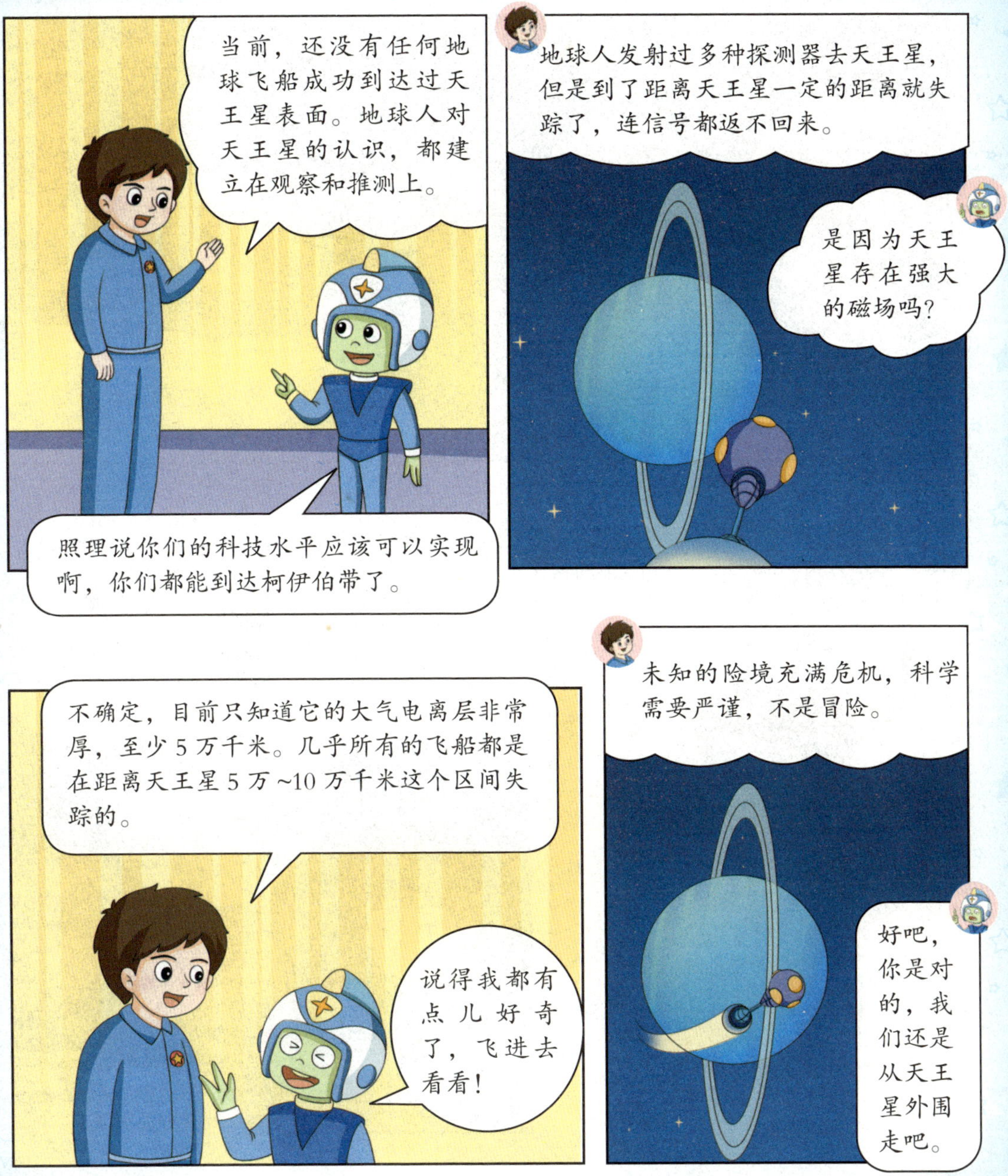
当前，还没有任何地球飞船成功到达过天王星表面。地球人对天王星的认识，都建立在观察和推测上。
照理说你们的科技水平应该可以实现啊，你们都能到达柯伊伯带了。
地球人发射过多种探测器去天王星，但是到了距离天王星一定的距离就失踪了，连信号都返不回来。
是因为天王星存在强大的磁场吗？
不确定，目前只知道它的大气电离层非常厚，至少5万千米。几乎所有的飞船都是在距离天王星5万~10万千米这个区间失踪的。
说得我都有点儿好奇了，飞进去看看！
未知的险境充满危机，科学需要严谨，不是冒险。
好吧，你是对的，我们还是从天王星外围走吧。

天卫三
天卫四
天卫二
天卫一
天卫五
雷顿，天王星有几颗卫星？
已经发现的有 27 颗。大一点儿的有 5 颗，其他的都很小。
这些卫星中，最大的天卫三直径约 1 500 千米，上面有长达几千千米的断裂谷。
天卫五上面有一些奇怪的峡谷和沟槽地形，很是神秘，但是科学家对这些地形的研究一直没有进展。
天王星之旅结束了！下一站去哪儿，海王星？
回答正确！

神秘的海神

你们地球人给海王星起了什么名字？
海王星英文名字是罗马神话中的海神尼普顿，相当于古希腊神话中的波塞冬。就连海王星的天文符号都是海神的三叉戟！
什么，菠菜桶？
哈哈，雷顿没说清楚，应该是波！塞！冬！
波塞冬是众神之神宙斯的兄弟。与宙斯争夺权力，最终失败后只能待在海洋中。
又是个悲伤的神话故事！
它的名字跟它的颜色有关系吧？
没错！人类肉眼看到的海王星呈蓝色，人们从它的颜色联想到了大海。

海王星上的黑斑是什么？也是风暴吗？
对，是气旋风暴。
自20世纪80年代人类发现海王星上的黑斑之后，这个黑斑时而扩大，时而缩小，甚至消失。
据天文学家分析推测，这种气旋风暴是硫化氢气流引起的，硫化氢的反光度没有那么高，所以远远地看起来就是黑色的。
海王星表面温度低至−200 ℃以下，不是个宜居的星球。
海王星这温度对地球人太不友好了！

曾经有人推测海王星内部有大量的钻石存在，因为海王星上有大量的甲烷，经过海王星内部的高温和高压分解，会变成碳和氢，氢逃逸到大气层，碳留下来生成了钻石。
$CH_4=C+2H_2$
那地球人还不得疯狂地到海王星来开采钻石啊！
你想多了。先不说人类还无法在海王星登陆，就算登陆了，海王星表面都是气体，在哪里挖？
再说了，海王星上有钻石只是推测。科学研究要求是大胆假设，但必须严谨求证。

冥王星的眼泪

既然海王星无法登陆，我们就往回飞吧，去看看太阳系的其他星球。
又把我遗忘了？！我也是太阳的行星啊，我是有心的啊！
抱歉，你已经被除名了，你现在是矮行星了。
草菅星名
冥王星
阋神星
鸟神星
因为在海王星轨道外，除了冥王星，还发现了很多行星，它们跟冥王星类似，地球人就把它们都称呼为“类冥矮行星”了。

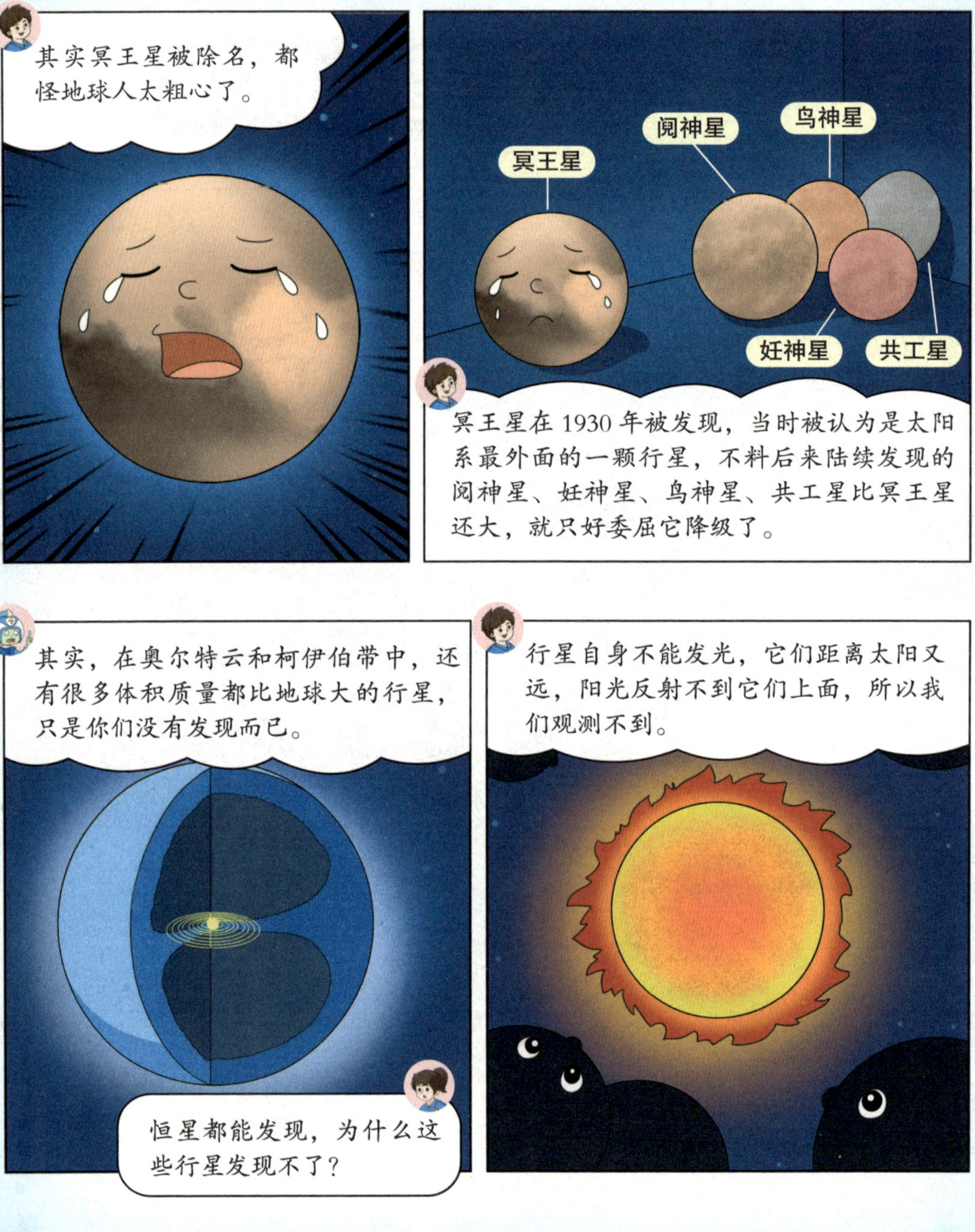
其实冥王星被除名，都怪地球人太粗心了。
冥王星
阋神星
鸟神星
妊神星
共工星
冥王星在1930年被发现，当时被认为是太阳系最外面的一颗行星，不料后来陆续发现的阋神星、妊神星、鸟神星、共工星比冥王星还大，就只好委屈它降级了。
其实，在奥尔特云和柯伊伯带中，还有很多体积质量都比地球大的行星，只是你们没有发现而已。
恒星都能发现，为什么这些行星发现不了？
行星自身不能发光，它们距离太阳又远，阳光反射不到它们上面，所以我们观测不到。

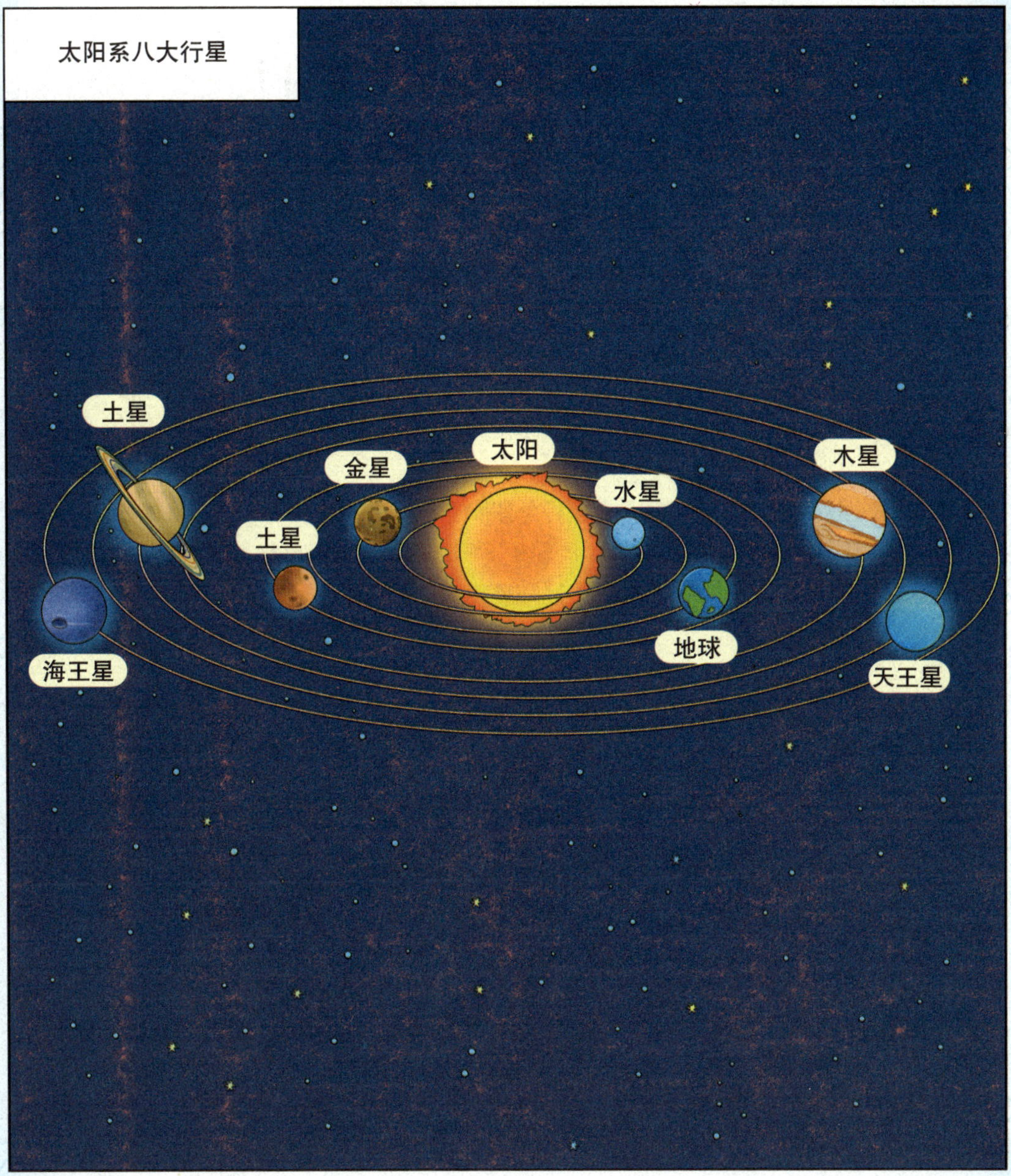
太阳系八大行星
土星
金星
太阳
木星
水星
土星
地球
海王星
天王星

宇宙课堂

冥王星和矮行星们

冥王星主要由岩石和冰组成。它距离太阳较远，约40个天文单位，太阳光大约需要5.5个小时才能到达冥王星。

1930年，美国天文学家克莱德·汤博通过比较法，验证了前人猜测的冥王星确实存在，并将其视为太阳系的第九大行星。

进入21世纪后，先后发现了阋神星、鸟神星等行星，它们比冥王星体积还大，也是围绕着太阳运动。2006年，国际天文联合会正式定义太阳系八大行星，即水星、金星、地球、火星、木星、土星、天王星和海王星，冥王星、阋神星等被划分为矮行星。

矮行星又叫"侏儒行星"，这类行星体积介于行星和小行星之间。原则上，它们与八大行星的唯一区别仅仅在于质量不同，但其实具体原因要复杂得多。

矮行星的家族成员除了上面提到的阋神星、冥王星，还有后来陆续发现的卡戎星、创神星、鸟神星、妊神星、亡神星、塞德娜等。

其中，卡戎星也被认为是冥王星最大的一颗卫星——冥卫一，有天文学家认为它是由冥王星被撞击后的碎片形成的。由于这两个天体质量相差不大，彼此又互相绕着对方转动，天文学家就把这种天体叫作"双行星"。

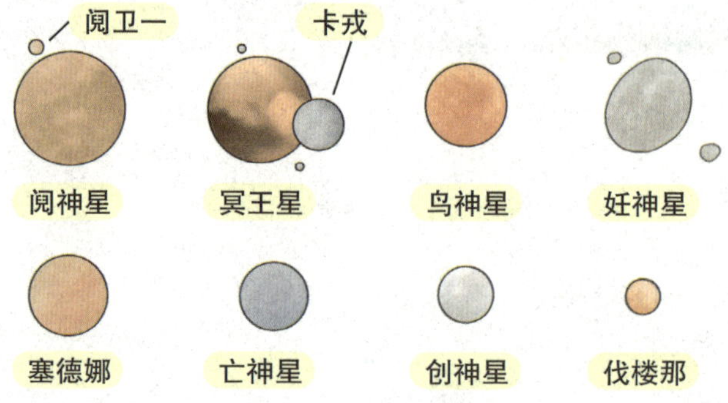

火星人来了

西格玛，接下来请动力全开，目标火星！Go！
我要去实验室报到，把这些天耽误的试验补回来。
我赶紧送我们的飞船去基地修理，一定不耽误我们返回地球。
我们是时代的火星人，我们去点燃天地的火炬！

停停停，你们不是地球人吗？怎么又是火星人了？
哈哈，我们当初报名青年志愿者，报名去金星的就自称金星人，去水星的就自称水星人……我们报的是火星！
噢，我还以为你们还有啥神秘身份呢！
哈哈哈！
谢谢你西格玛，欢迎你去我们的基地！
这次去火星，终于可以着陆啦！

火星全记录

火星上那片白色的是什么？你们的基地吗？
火星大气层以二氧化碳为主，白色的是二氧化碳在低温下变成的干冰。地表温度升高后，它们又迅速气化了。
在火星的两极地区，这种现象更加明显，白色区域会变大或者变小，甚至延伸至2 000多千米。
我们的基地还很小，不会有2 000千米那么长啊！
哥，你的体积比我大一倍，你家还不够住吗？
哥家里人口多啊，资源不够用，只好借你的用用。

以前地球人只能凭借光学望远镜看火星，看到有运河形状的结构，就以为火星上也有智慧生命存在。

后来探测飞船登陆火星才发现，这些只是环形火山和峡谷。根本没有生命活动的迹象。

20世纪的科幻小说里，把所谓的“火星人”描绘成身材纤细的样子，别提多滑稽了。
那是因为火星地表引力不到地球的五分之二，所以虚构的火星人不需要很粗的腿来支撑身体。

金星金星亮晶晶

金星虽然近，但是环境十分恶劣，大气压强是地球的90倍以上，地表平均温度约400 ℃。如果登陆金星，都找不到落脚点。
金星距离地球这么近，你们为什么不先开发金星，反而去更远的火星呢？
金星上还有数以万计的火山，这些对人类开发活动是巨大的威胁。

据探测，金星大气层中有几十千米厚的硫酸云层。硫酸浓度很高，对人类来说也是一个难题。
所以，地球人目前还没有安全有效开发金星的计划。
我们前面说天王星是懒惰的行星，其实，金星也是一样。它的自转非常慢，转一圈要243天。
金星跟其他行星逆时针自转不同，它是顺时针自转。

我们到金星大气层里看看。
你们看这些成串的小型陨石坑！小行星进入金星大气层，大部分都被烧毁了，只剩下很小的撞击了地面，才留下了这些痕迹。

大气压强太大了，飞船已经预警。我们还是离开吧。
好吧，去水星！
雷顿，金星的名字对应地球神话中的什么神？
金星是古罗马和古希腊神话中的爱神和美神，分别叫作维纳斯和阿佛洛狄忒。
在中国神话中，金星也叫太白金星，是个仙风道骨的老头儿。

干巴巴的水星

水星的名字来自中国的五行学说——金木水火土。中国古代人在没有望远镜的情况下，看到的水星呈灰黑色。和五行联系在一起，黑色属水，所以就叫水星了。

哦，前方就是水星了！

水星看起来比月球大一点儿，比地球小些。

水星上不但没有水，还非常干燥，昼夜温差非常大。
白天 400 ℃
夜晚 −170 ℃

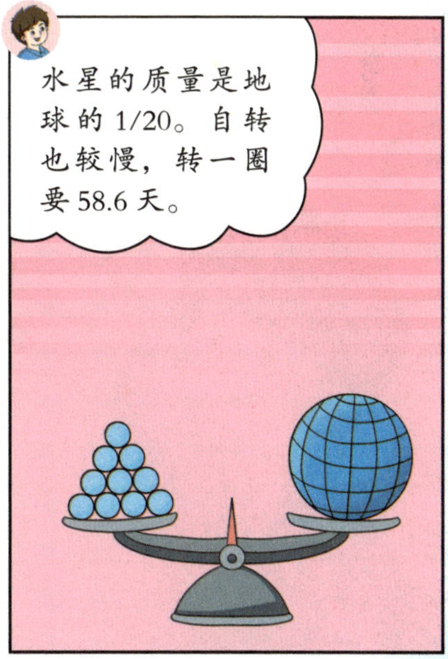
水星的质量是地球的 1/20。自转也较慢，转一圈要 58.6 天。

水星上没有液体水，没有水蒸气，但在水星两极，发现了大量的冰山。
这些冰山的存在到现在还是个谜，因为水星地表在白天时温度还高达430度呢。
温度是依靠热辐射、热对流、热传导传播的。水星上没有大气层，产生不了对流和传导。加上这些冰山主要在水星两极的阴影处，阳光不能直射，因此也就留存下来了。
貌似有道理啊，但是还得验证啊。
听说最近计划开发水星呢，你赶紧报名去吧。

地球的邻居——月球

飞向月球

西格玛，到了月球，我介绍两个朋友跟你认识，嫦娥和吴刚。
雷顿逗你呢，嫦娥与吴刚是中国神话中生活在月球上的神仙。
??
这个按钮是减速按钮吗？
哈哈！让我也逗逗雷顿！

雷顿，你敢跳几下吗？
这有啥敢不敢的？跳就跳。
啊啊啊！！！
呃？
西格玛！！！
快放我下来！
哈哈哈！这下咱俩扯平了！

失重的囧样

雷顿刚刚按的是重力的控制开关。
为什么雷顿突然就失重了？刚才还好好的啊。
哎呀，我的头好疼！
飞船上本来是有模拟重力系统的，这样我们在飞船上就跟在地面上一样。
雷顿把重力系统给关了，所以他就……雷顿，接球！
啊？来啊。

嗯？
喂，我下不来了。
怎么回事？停不住！
挂在上面的感觉不错吧？

模拟重力系统，就是让飞船船舱沿着轴心自转产生离心力，实现模拟重力的效果。
让他在上面多挂一会儿该多好。
我再也不乱按了。

这个道理就跟在地球上旋转水桶一样，快速旋转水就不会洒出来了。
没错，只不过飞船的旋转设计得更加精准。
好了，我把开关再按回去吧。
哎哟，头疼！

艾米，想不想来个太空漫步？
好啊！我一直想在太空里走走！真的可以吗？
这里安全吗？会不会有流星、彗星之类的？我先去侦察一下。
这里是月球轨道，太空飘浮物很少，相对安全一些。

雷顿的太空漂流

啊，这么远！
你用力太多了！轻轻给一点力就行。

喂，这次我真的没用力！

算了吧，还是回舱内吧，别一会儿走丢了。

舱外服真闷啊，我都出汗了。
舱外服虽然完全密封，但里面有自动体温调节装置，你出汗是因为你紧张了。
哈哈，雷顿也有紧张的时候啊！
生物在陌生的环境中都会紧张。
请尽快更换汗湿的衣服，并将汗水擦拭干净，以免水滴飘逸。
我差点儿忘记这事了，培训的时候学过的。
谨慎是应该的。你们人类最初登陆月球的时候，都只是在月球车周围几十米范围内小心地活动。

探月好帮手

世界上第一辆成功运行的遥控月球车——月球车 1 号是由苏联研制成功的。1970 年 11 月 17 日，月球车 1 号在月面雨海地区成功着陆，共行驶 10540 米，考察了 8 万平方米范围的月面，拍摄照片超过 2 万张。

1973 年苏联发射了月球车 2 号，它是在月球车 1 号的基础上改进而成，实际在月球工作 4 个月，行驶了 40 多千米，拍摄了 8 万多张照片。

月球车 1 号和 2 号都是无人驾驶月球车。

第一辆有人驾驶月球车是美国的“巡行者 1 号”，于 1971 年 7 月 26 日登陆月球。

中国首辆月球车是玉兔号，后来的玉兔二号首次实现在月球背面登陆并开始月面探测。

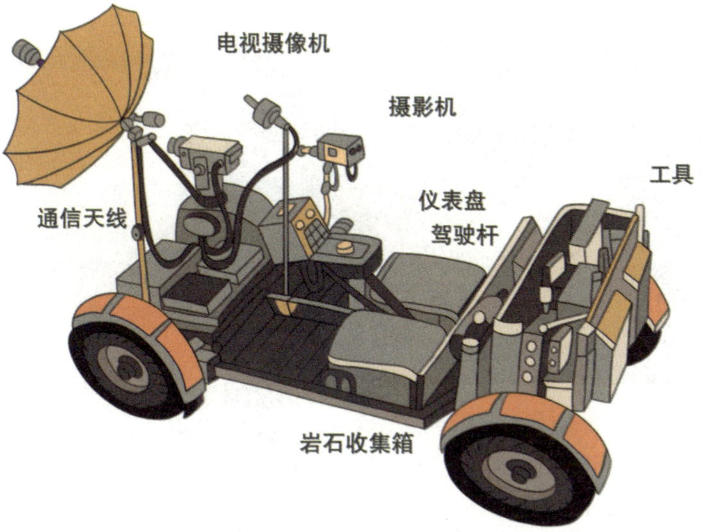

美国“巡行者 1 号”月球车

太空飞行不简单

我们地球人长期生活在气压稳定的环境里。突然加压，身体器官受不了。
火箭起飞和上升阶段，我们都是用仰卧的姿态，让身体器官和部位都处于自然伸展状态。
失重状态下，很多肢体行动、物体的轨迹都跟地球上不一样。宇航员都是经过多年严格训练的。
我们是去年接到邀请函，经过了整整一年的训练才被批准参加这次飞行。

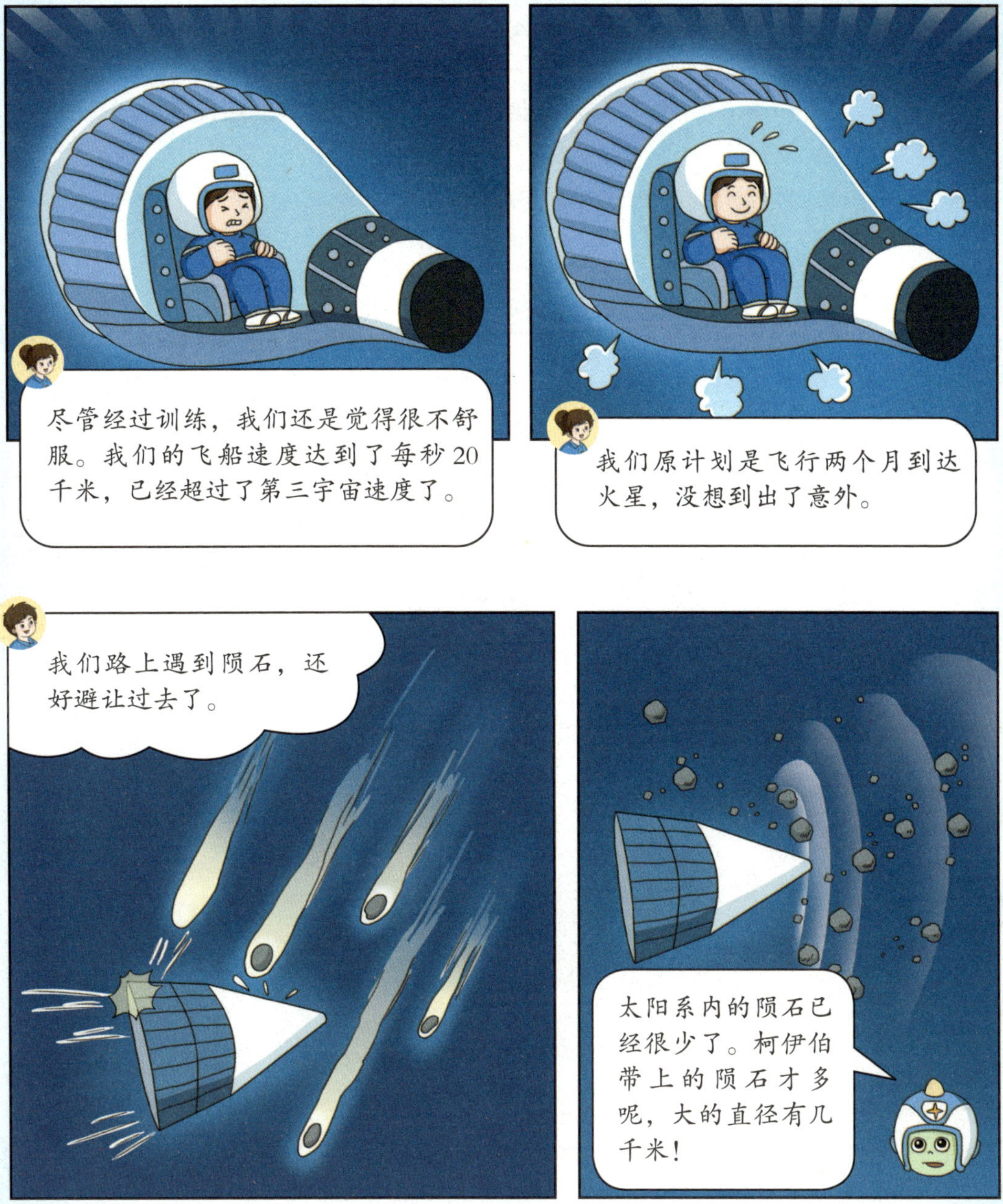
尽管经过训练，我们还是觉得很不舒服。我们的飞船速度达到了每秒20千米，已经超过了第三宇宙速度了。
我们原计划是飞行两个月到达火星，没想到出了意外。
我们路上遇到陨石，还好避让过去了。
太阳系内的陨石已经很少了。柯伊伯带上的陨石才多呢，大的直径有几千米！

天梯——火箭

你们地球上还是用多级火箭发射飞船吗？
是的，用完一级就扔掉，这样可以不断获得加速度。
刚起飞的那几分钟，太难受了。
我感觉脸都快被压到胸腔里去了。

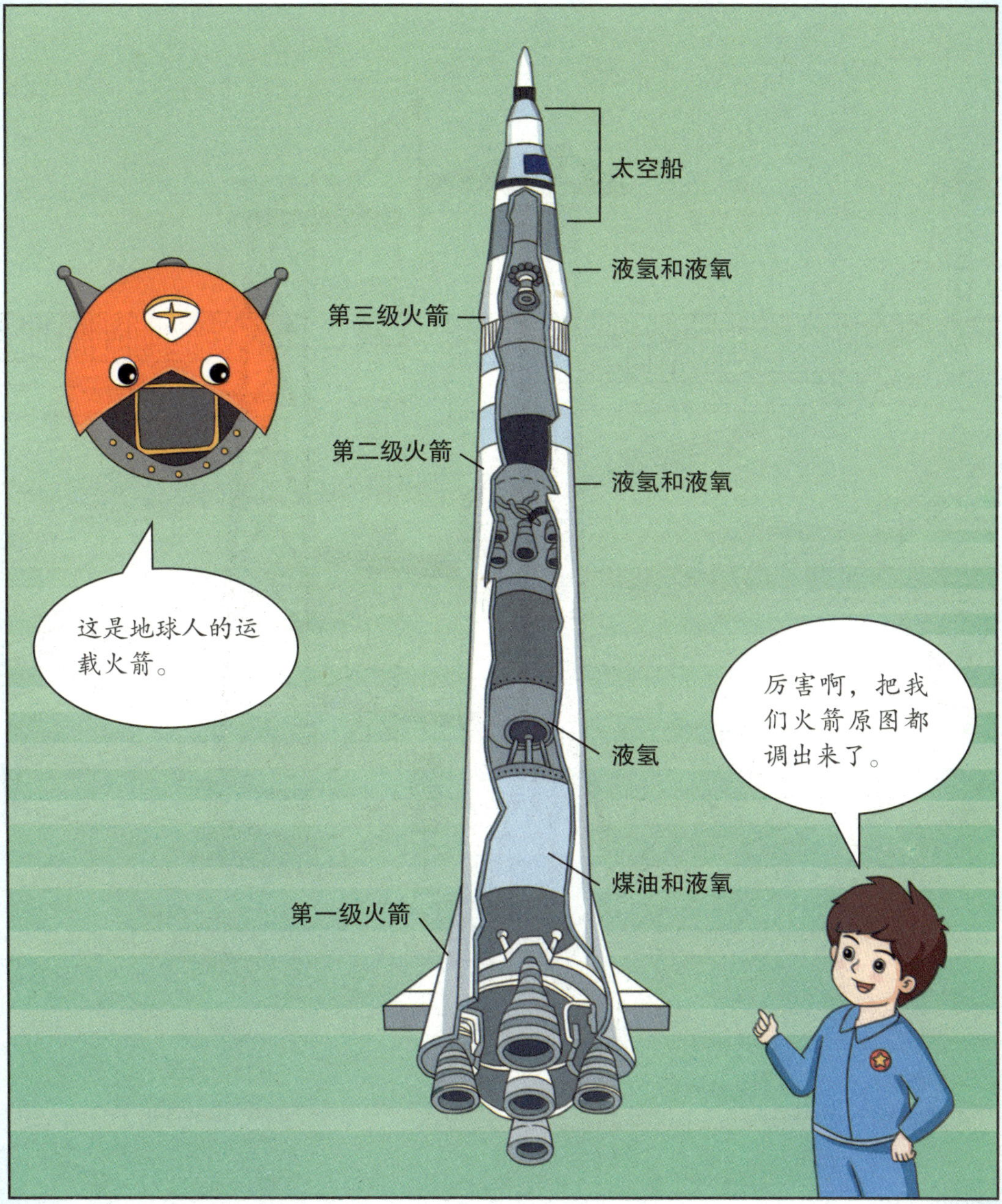
太空船
液氢和液氧
第三级火箭
第二级火箭
液氢和液氧
液氢
煤油和液氧
第一级火箭
这是地球人的运载火箭。
厉害啊，把我们火箭原图都调出来了。

发射塔
装配塔
防火储水槽
方位观测站
燃料储藏库
火焰转向板
这是你们火箭发射场的实景地图。

人造卫星装配厂
火箭装配工厂
发射管制处
火箭组合工厂
指挥管理处
火箭搬运车
雷达站
氧化剂储藏库
天哪，云脑！你太神奇了！对我们了如指掌啊！

飞船在起飞前，要经历组装、移往发射场、设备检查、加注燃料，最后进入发射环节，经过一分钟读秒和倒计时10 秒读秒，读数为“00”的时候点火起飞。

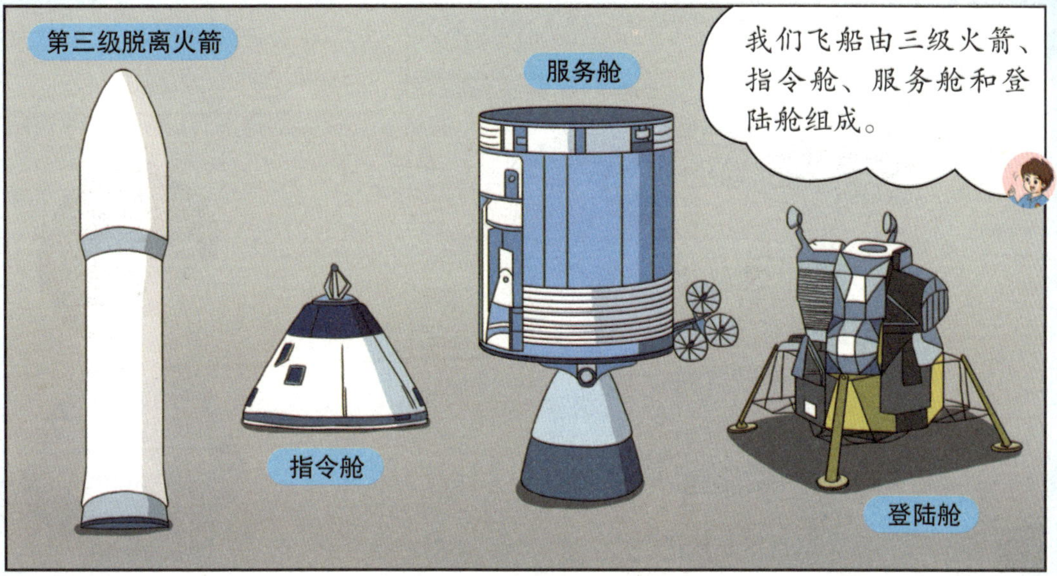
第三级脱离火箭
服务舱
我们飞船由三级火箭、指令舱、服务舱和登陆舱组成。
指令舱
登陆舱

起飞时，我和艾米就坐在指令舱里面。它在火箭的顶部位置。

我们提前四个小时就进入指令舱等候起飞了。
火箭这三级，每级都不同。

点火后，第一级火箭和助推器2分多钟就燃烧完，产生了3 500吨力的推力。
第一级火箭脱离的同时，第二级火箭启动，产生450吨力的推力。
第二级火箭脱离，第三级火箭启动，产生100吨力的推力。

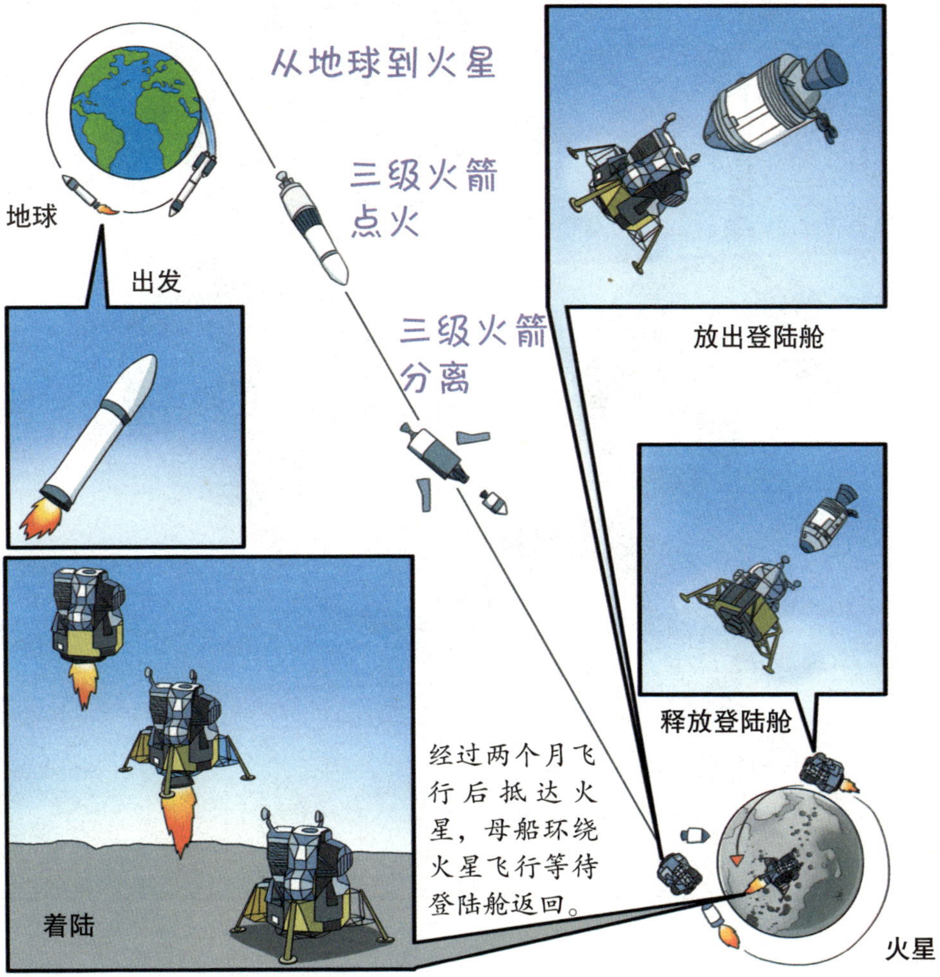

这是我们的计划路线，准备用两个月时间到达火星。实际上，我们的飞船抵达火星轨道上空之后，还要换乘火星登陆舱去火星。原来的飞船在空中环绕火星继续飞行，等我们返回或者其他人回地球时乘坐。

返回的时候，我们先坐登陆舱从火星起飞，到达火星上空轨道后，换乘运输飞船，可能就是我们来的时候坐的那一艘，也可能是其他的飞船，然后飞回地球。

现在火箭发射后的残骸还能够回收利用。

宇宙名人

宇航之父

“地球是人类的摇篮，但人类不可能永远被束缚在摇篮里。”

这是宇航之父齐奥尔科夫斯基留给后辈们的话。

康斯坦丁·齐奥尔科夫斯基（1857—1935），俄国人，现代宇航学的奠基人，被尊称为“宇航之父”。

齐奥尔科夫斯基39岁时发表了一篇论文，提出把液体燃料作为火箭推进器的燃料的设想。他还写了一部《在地球之外》的科幻小说，里面的设想和现代太空技术几乎一样，如宇宙服、宇宙枪、登月舱等。

齐奥尔科夫斯基提出过五大预言，这些预言有的已经实现，有的正在实现：

1. 金属材料制造的飞行器才能满足舒适性和安全性的要求，而且更节省成本。

2. 反作用力是在宇宙空间中移动的唯一方法。

3. 火箭列车，这是多级火箭的原型，即在地面启动后进入太空的火箭组合。

4. “天梯”，除火箭外另一种离开地球的方式，即使用一根由飞船延伸至行星表面的钢索。

5. 太空移民，开发其他星球。

著名的齐奥尔科夫斯基公式：

$$v=\omega \ln\left(\frac{m_0}{m_k}\right)$$

后人在齐奥尔科夫斯基公式的基础上，推导出多级火箭推进航天器的工作原理，现在世界各国火箭分级技术都来源于此。

月球访客

月球的直径大约是地球的四分之一，质量只有地球的百分之一左右，它们之间的距离约 38 万千米。

你们先坐好，免得一会儿又被撞了。
想给你个大大的拥抱！
哦，太好了！

指令：登月舱准备，全体换抗荷服进入登月舱。

艾米，我帮你把氧气筒背上。
我太兴奋了，差点儿忘记带氧气。
大家就位，登月舱脱离。
哈哈，我是学校里第一个在月球背面着陆的人，回去可以炫一把啦！
哼！肤浅！
注意观察！

逆推发动机启动。
月尘这么大，什么都看不见了！
等一会儿再出去。

月球探测

月球距离地球的平均距离为38.44万千米，是地球人类目前唯一登陆过的天体。

月球也具有地壳、地幔、地核等分层结构。月球表面被巨大的玄武岩（火山熔岩）层所覆盖，说明月球之前有火山喷发的情况。

月球表面还布满了由小天体撞击形成的撞击坑。在晴朗的夜空中，人类在地球上用肉眼就可以看清月球以及月球表面的一些明暗现象。亮的地方是月球的高地，暗处一般是沟谷或者深坑。

我们把月球叫月亮，但它自己却发不出任何光亮，地球上看到的月光都是月球反射太阳的光芒。

由于自转原因，月球始终只把正面对着地球，所以在地球上观测月球，看到的都是正面，月球的背面却鲜为人知。近年来，随着航天技术的发展，对月球背面的探测也多了起来，中国的“嫦娥四号”探测器便是对月球背面的探测工程。

中国先后有多个“嫦娥”系列探测器登陆月球。“嫦娥一号”实现了绕月探测；“嫦娥二号”进入了环月轨道；“嫦娥三号”着陆月面，实现了月面巡视；“嫦娥四号”到达月球背面着陆，随行的“玉兔二号”月球车实现正常工作状态并采集岩土样品；“嫦娥五号”在吕姆克山脉着陆采集岩土样品，并成功地返回地球。

出舱

没错！因为月球没有大气层，每天都有数不清的陨石砸在月球表面上。

也有科学家认为，月球上的环形山是亿万年前，火山喷发形成的火山口。

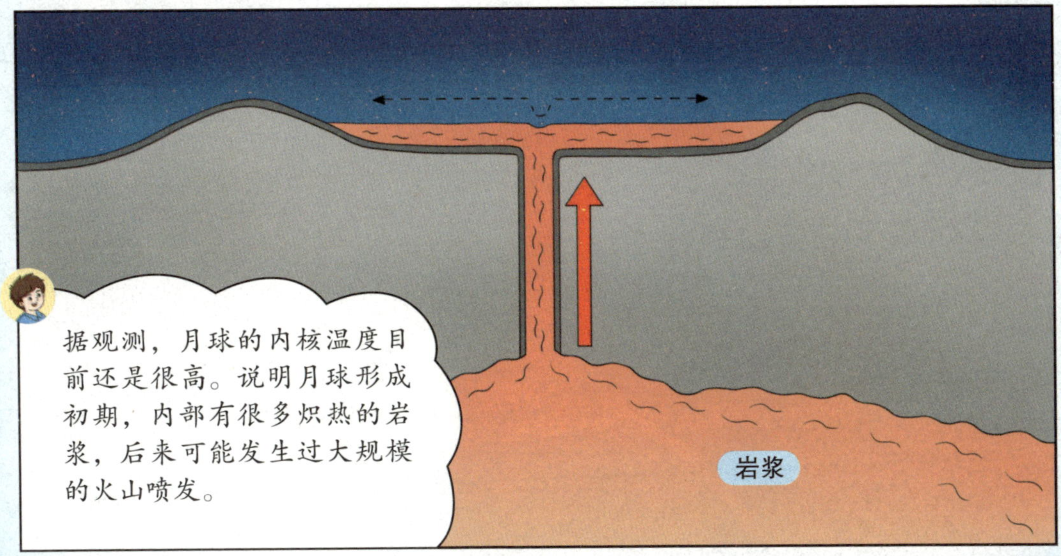
据观测，月球的内核温度目前还是很高。说明月球形成初期，内部有很多炽热的岩浆，后来可能发生过大规模的火山喷发。
岩浆

苏联登月舱
雨海
嫦娥二号着陆点
风暴洋
嫦娥五号着陆点
阿波罗 15 号登陆处
哥白尼
虽然月球上没有嫦娥，但我能来一次也很高兴。
阿波罗 12 号登陆处
湿海
阿波罗 14 号登陆处
嫦娥四号和月兔二号着陆点在月球背面冯·卡门撞击坑

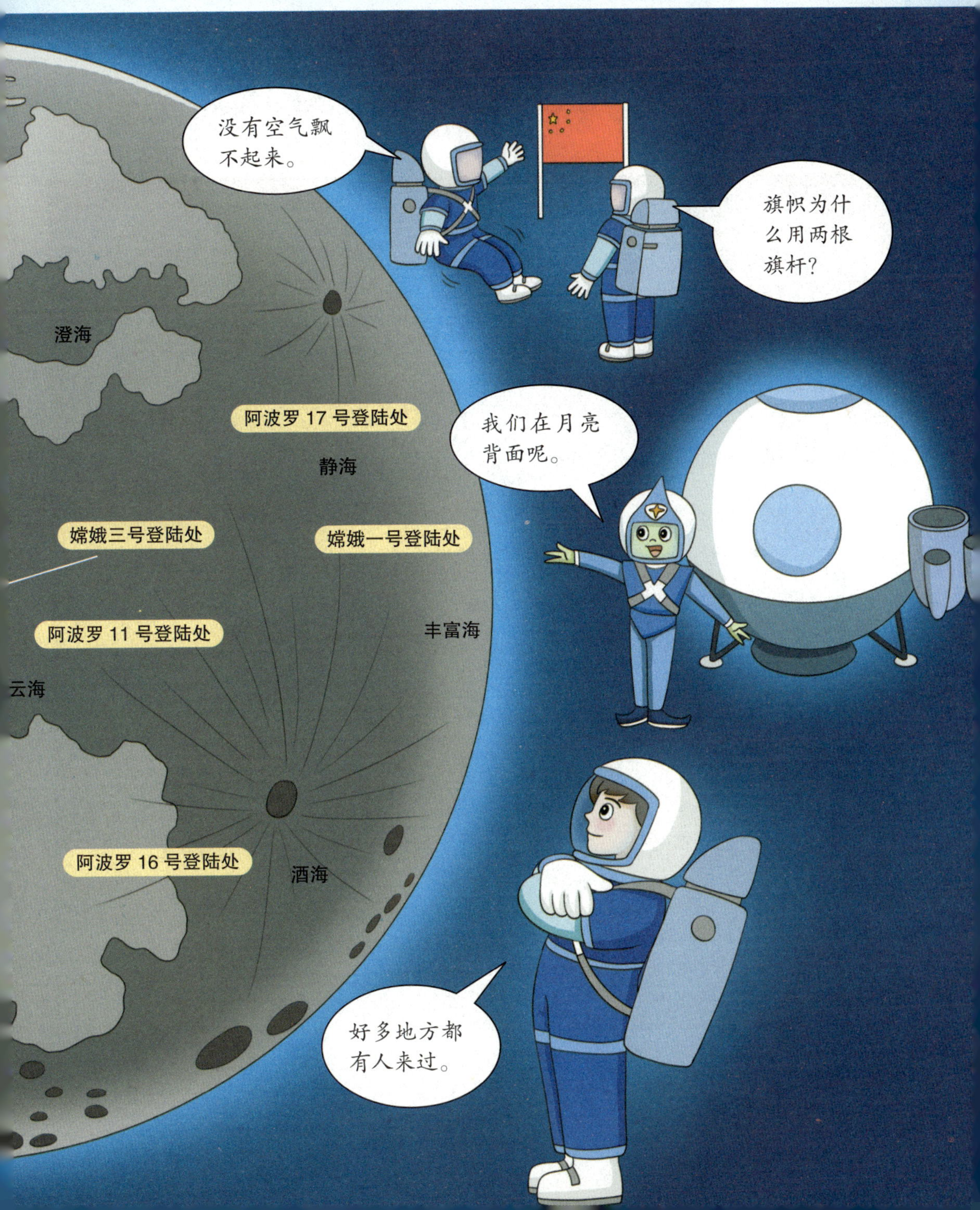
没有空气飘不起来。
旗帜为什么用两根旗杆？
澄海
阿波罗 17 号登陆处
静海
我们在月亮背面呢。
嫦娥三号登陆处
嫦娥一号登陆处
阿波罗 11 号登陆处
丰富海
云海
阿波罗 16 号登陆处
酒海
好多地方都有人来过。

月球上的漫步

把防护镜戴好，月球上阳光刺眼。
但是它可以过滤强紫外线，保护眼睛。
咦，感觉还是无色透明的啊？
在月球上真的是身轻如燕啊！
我本来50千克，现在只有8千克多。
我体重本来42千克，现在只有7千克。

昼夜温差 300 多摄氏度

这温差，真是绝了！
不过，月球夜间的温度低到过 −183 ℃。
月球没有大气层，所以太阳光直射的地方和阴影下的温差特别大。宇宙中很多不能自发光的星球都是这样。
幸亏我们这宇航服设计良好，保温还保湿。

发现太空垃圾

咦，这是什么？
应该是美国的“勘测者”月球探测器。
这个我认识，是激光发射器，可以测量地球到月球的距离。
这个嘛，应该是地震测试仪，可以勘测到月球的地震情况。
这些探测器是20世纪60年代发射的，现在已经停止工作了。

这些都算是太空垃圾。现在月球和太空中有很多这样的废弃物。
难道没有办法销毁吗?
在太空中处理垃圾的成本太高了。
这些太空垃圾今后会给人类带来巨大困扰的。

宇宙课堂

为什么要开发月球

月球资源丰富

月球上有很多矿产，储量比地球大得多。科学家在月球上探测出了6种地球上尚未发现的元素。

很多元素在地球上以化合物或者共生矿物质的形式存在，开采、提炼和提纯的成本很高，但它们在月球上是以单体存在的，提炼相对方便。

比如，氦这种元素，地球上大约只有不到1000千克的含量。可是在月球上已经探知的储藏量为70万~120万吨。它作为核电站的优选原料，没有放射性，是一种清洁能源。100吨氦就能满足全世界一年的电力需求，100万吨氦足以让地球人用上1万年！

宇宙空间前进基地

月球是距离我们最近的天体，月球上低重力、无大气的环境，非常有利于各种卫星和探测设备的发射。在月球上设立航天前进基地，不仅可以为航天器提供飞往其他星球的中转站，还会使星际飞行的难度和费用大大降低。

水冰储量丰富

据探测，月球的两极存在10亿~100亿吨水冰。在月球的土壤中，氧的含量约为40%。如果开发得当，今后人类在月球上建立基地所需的水和氧气，就无需地球提供了。

月球背面半日游

唉，学酥啊，艾学酥是环保爱心人士！
嘻嘻，幸亏月球上没有空气，她没听见！
月球上是没有空气，但是宇航服里有通话器！傻瓜牛小顿！
啊，草率了！
别闹了，我们在月球上兜风吧。
来啦！
等等我！

先去月球背面转转吧，我得好好观察一下。

月球背面大大小小的环形山挺多的。

现在我们经过的是月球南极的贝利环形山。这是月球上最大的环形山，直径有 295 千米。
295 千米

月食与盈亏

你们看，现在看不见月亮了。
咦？
月牙，好漂亮！

像个被咬了一口的月饼。
现在，月面更大了！

为什么在太空中也能看到月食呢？

这个问题还不简单嘛？我给你们讲讲。

关灯。现在太阳光从窗户外照射进来了。

半月。
几乎看
不见。
月球
光
满月。
半月。
雷顿站在中间不
要动。艾米绕着
雷顿转。
哈哈，两只眼睛，
一只半眼睛，一只
眼睛，半只眼睛，
后脑勺。

宇宙是黑暗的，如果没有光线照射到物体上，我们就什么都看不见。
看，这是地球遮挡住了一部分太阳，所以有一部分看上去就是暗的。
哦，我懂了。
不过，你们地球上的大气层，会折射光线，所以在地球上看得不如太空中清晰。
地球自转一周是一昼夜。

刚才我们的飞船和地球、月亮处在一条直线上，原理就像你们在地球上看到的月食一样。

如果地球、月球、太阳依次连成一线，在地球上看到的就是日食了。
能看到日食的只是刚好在那个地区的人，其他地区看到的是日偏食。

日食在地球上每年都发生 2~5 次。日食分日全食、日环食、日偏食等几种。同一地区日食发生的次数间隔比较长，从几年到几十年都有，特别是日全食，间隔更长。

这是我们刚才进入月球轨道的录像，其中有一段时间就能看到日食。
飞船刚好与地球、太阳成一线的时候，太阳完全被地球挡住。
天这么快就黑了？难道还要我再打鸣一次？
在地球上发生日全食的时候，即使是白天也能看到星星。

这是模拟图。根据地球的公转、自转和月球的绕地球公转和自转，可以推算出未来发生日食的时间和地点。有天文爱好者专门在这一天跑去观看日食。

分别也许就是千年

云脑，跟你说再见了，希望下次见到你，你的资料信息更丰富！
我会永远记得你们的。有个小礼物送给你们。
西格玛，我们已经在返回舱就位了。
再见，亲爱的朋友们！
哇，谢谢云脑！送给我们一个小云脑。
它会解答你们的一切问题！

再见，也许是一个百万年！
唉，好伤感，睡一觉可能会好点儿。
你们好，我负责接你们回家，欢迎回到地球。

彩虹糖童书馆
Rainbow Candy Kids' Book House